Pocket Reference

Vue.js

ポケットリファレンス

Vue.js 3対応

長島優斗・久光未悠
東泉哲寛・鶴田展之――著
株式会社 qnote

技術評論社

免責

本書に記載された内容は、情報の提供だけを目的としています。したがって、本書を用いた運用は、必ずお客様自身の責任と判断によって行ってください。これらの情報の運用の結果について、技術評論社および著者はいかなる責任も負いません。

本書記載の情報は、2023 年 3 月現在のものを掲載していますので、ご利用時には、変更されている場合もあります。

また、ソフトウェアに関する記述は、特に断わりのないかぎり、2023 年 3 月現在でのバージョンをもとにしています。ソフトウェアはバージョンアップされる場合があり、本書での説明とは機能内容や画面図などが異なってしまうこともあり得ます。本書ご購入の前に、必ずバージョン番号をご確認ください。

以上の注意事項をご承諾いただいたうえで、本書をご利用願います。これらの注意事項をお読みいただかずに、お問い合わせいただいても、技術評論社および著者は対処しかねます。あらかじめ、ご承知おきください。

商標、登録商標について

はじめに

Webアプリケーション開発の現場は、日進月歩で新しい技術が登場し、スタンダードも非常に速いスピードで変化していきます。特にここ最近のフロントエンド周辺は百花繚乱の様相で、React、Angular、Svelteといったフロント向けの定番フレームワークや、サーバサイドレンダリングまでサポートするNext.js、Nuxt.jsなど、開発者は多種多様な技術を理解し、ユーザの要望に応じて使い分けられる知識や経験が求められるようになっています。さらに、LaravelのInertiaやLivewireのようなアプリケーションフレームワーク固有のしくみも多く、開発自体が容易で効率的になった反面、常に最新の技術要素にキャッチアップしていくのが難しいと感じているエンジニアの方も多いのではないでしょうか。技術的な選択肢が多くなった一方、個々の技術を深く理解し徹底的に使いこなすには、これまでとはちょっと違った努力や、より効率的な技術習得の道筋を見つける必要があるのかもしれません。

本書は、JavaScriptフレームワーク「Vue.js」について、いつでも傍らに置いて参照できる「ポケットリファレンス」の形で解説するものです。できるだけ平易なことばで、サンプルコードやこぼれ話的なコラム、(主にネコの)画像などを通して楽しく理解が進むように工夫しました。これからWeb開発、とりわけフロントエンド開発を学ばれる方、Vueの利用を前提とした開発プロジェクトに関わる方には、Vue学習の入口としてきっとお役に立てると思います。また、最新のVue3は、前バージョンのVue2から大きく進化しています。本書では、Vue3の新機能や変更点にも触れ、Vue2からの移行についてもスムーズに理解できるように解説しています。すでにVueでの開発経験のある方が最新のVueについて学ぶ際にも、コンパクトな本書が最短ルートをご案内できるでしょう。もちろん、Reactなど他のフレームワークを経験された方にとっても、比較対象としてのVueに関心を持っていただき、その魅力を知っていただくきっかけになれば幸いです。なにぶん変化の速い分野の技術書なので「末長く」とは申せませんが、読者の皆様の善き友としてご愛読いただけることを願っています。

2023年早春　株式会社qnote 鶴田展之

本書の構成

第1章ではまずVue.jsがどういったものかについての理解を深めます。

そして、第2章ではVue3の特徴やVue3から廃止／追加された機能について触れ、Vue2との違いを理解してもらいます。この章を読むことで、Vueに初めて触れる方はもちろん、今までVue2で開発してきた人にとってもVue3への移行がスムーズなものとなるでしょう。

第4、5章ではVue3の基本的な使い方を網羅しています。

第6章以降はリファレンス形式になっており、「算出プロパティで再計算したい」「プラグインを使用したい」といったように、実現したいこと別に調べやすい構成にしています。

Vue.jsの初学者の方は最初から順に読み進めていくことで体系的に理解することができますし、「ある程度Vue.jsは使いこなせるけど、こういうときってどうすればいいんだろう？」と思ったときにサクッと引く辞書的な使い方もできます。

第１章	Vue.js の基本	Vue.js を理解する
第２章	Vue.js 3 を使ってみよう	
第３章	環境構築	
第４章	Vue.js の基本的な使い方	基本的な使い方を理解する
第５章	コンポーネントの基本	
第６章	リファレンス	項目別に使い方を理解する／ポケットリファレンスとして辞書的に使う
第７章	Vue.js の拡張機能を使いたい	
第８章	Vue Router とは	
第９章	アプリケーションの状態管理	
第10章	さまざまなプラグイン Vue.js	

本書の特徴

リファレンスページは図のように、説明→書式→サンプルコードという構成をとっており、まずは使い方や概念について理解して、次に基本的な書き方を学び、最後にサンプルコードを見ながら実際に手を動かすことで実践的な使い方を学ぶことができます。

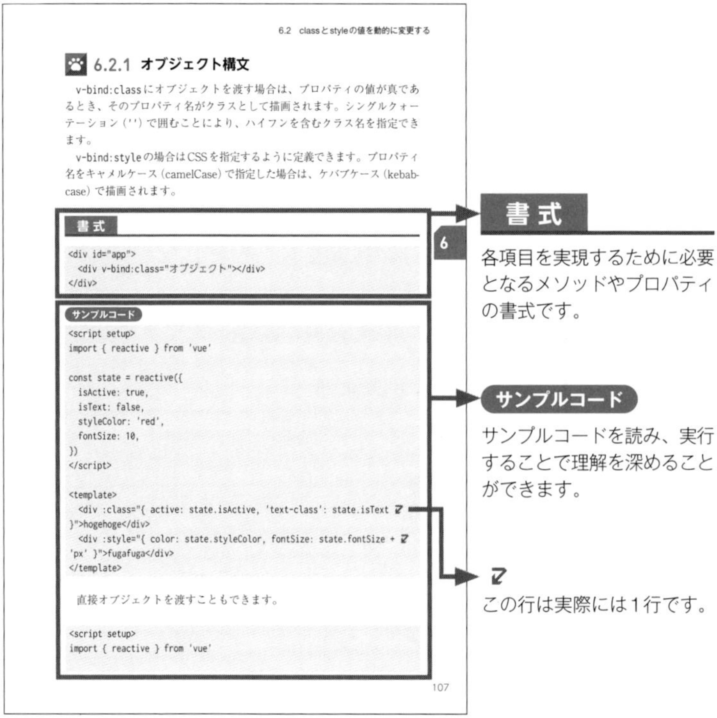

6.2 classとstyleの値を動的に変更する

6.2.1 オブジェクト構文

v-bind:classにオブジェクトを渡す場合は、プロパティの値が真であるとき、そのプロパティ名がクラスとして描画されます。シングルクォーテーション('')で囲むことにより、ハイフンを含むクラス名を指定できます。

v-bind:styleの場合はCSSを指定するように定義できます。プロパティ名をキャメルケース(camelCase)で指定した場合は、ケバブケース(kebab-case)で描画されます。

書式

```
<div id="app">
  <div v-bind:class="オブジェクト"></div>
</div>
```

6

サンプルコード

```
<script setup>
import { reactive } from 'vue'

const state = reactive({
  isActive: true,
  isText: false,
  styleColor: 'red',
  fontSize: 10,
})
</script>

<template>
  <div :class="{ active: state.isActive, 'text-class': state.isText ↵
}">hogehoge</div>
  <div :style="{ color: state.styleColor, fontSize: state.fontSize + ↵
'px' }">fugafuga</div>
</template>
```

直接オブジェクトを渡すこともできます。

```
<script setup>
import { reactive } from 'vue'
```

107

注： 実行画面で使用している画像やCSSはテスト用に用意したものです。サンプルコードを試してみる場合はご自身でご用意ください。

Contents 目次

第1章

Vue.jsの基本

1.1 Vue.jsとは

Vue.jsは、「プログレッシブフレームワーク」という概念に基づいて開発されたJavaScriptフレームワークで、Webアプリケーションのユーザインターフェース（UI）構築を支援します。Webアプリケーション開発の現場ではこれまでもKnockout.js、React、AngularなどさまざまなJavaScriptフレームワークが使われてきましたが、習得が容易なこと、高機能なこと、パフォーマンスの良さなどから、近年この「Vue.js」の人気が特に高まっています。本書では、このVue.jsの機能を網羅的に解説しつつ、初学者の方にとっても理解しやすいよう、具体的な用例を豊富に使って説明していきます。ぜひ、開発の友として、常にキーボードの隣に本書を置いていただければと思います。

まずはVue.jsの成り立ちからお話しましょう。Vue.jsの開発は、Google Creative Labsに在席していたエンジニア、エヴァン・ヨー（Evan You）によって2013年に開始されました。ヨーは、当時自身も利用していたAngularJSの良いところだけを残し、より軽く簡潔で扱いやすいフレームワークを作ろうと考えたのです。翌2014年2月に最初のバージョンがリリースされると、すぐにVue.jsのGitHubリポジトリには多くの反響が寄せられるようになり、開発に参加するエンジニアも増えていきました。さらに、2015年にPHPフレームワーク「Laravel」に標準バンドルされたことも普及に拍車をかけました。現在、FacebookやNetflixを始め、世界中の多くのネットサービスにVue.jsは採用されています。

では、このVue.jsの魅力を1つずつ見ていきましょう。

1.2 シングルページアプリケーション

Vue.jsも含めて、多くのJavaScriptフレームワークがその考え方の根本に置いているのが「シングルページアプリケーション（SPA）」という考え方です。

従来のWebアプリケーションは、「リンクをクリックする」「ボタンをタップする」といったユーザのアクションに対して、「ページを遷移する」ことで応答していました。つまり、ユーザが何か操作をすると、Webサーバに要求が送信され、WebブラウザはWebサーバからの応答によって

「ページ全体」を書き換えていたのです。これはしくみとしてはシンプルですが、「ユーザ体験」としては「動作が遅い」「待たされる」といった不満につながります。また、スマートフォンからWebを閲覧することが増えた現在では、ページ全体をやりとりすることで無駄なデータ転送が発生し、限られたリソースである「通信帯域」を浪費することにもなってしまいます。

そこで、「アプリケーションを1つのページのみで作ろう」と考えられたのが、「シングルページアプリケーション」という考え方です。シングルページアプリケーションでは、ユーザのアクションに対してページを遷移させず、Webサーバとの間で必要なデータだけをやりとりします。具体的には、WebサーバからはJSON形式のデータを返してもらい、JavaScriptでデータを処理してページ上のコンテンツを書き換えます。ページ上で変更すべきところだけを書き換え、変更しなくてよいところはそのまま残しておけば、動作も軽快になりますし、ネットワーク上でやりとりする転送量も大きく減らすことが可能になります。

もちろん、シングルページアプリケーションのメリットはそれだけではありません。これまでは難しかったユーザインターフェース、リッチな操作感も、シングルページアプリケーションなら実現できるようになってきました。Google MapsやGoogle Docs、Facebook Messengerのように、ユーザにとって「まるでネイティブアプリのように」見えるユーザインターフェースを開発できることは、Webアプリをシングルページアプリケーションで構築することの大きな強みです。

1.3 リアクティブプログラミング

Vue.jsの最も大きな特徴は「リアクティブ」なシステムだという点です。プログラミングの世界では、常に新しいプログラミングの手法や方法論（パラダイム）が提唱され、その中で優れたものは広く普及していくわけですが、「リアクティブプログラミング」も近年特に広く支持されているプログラミングパラダイムの1つです。

リアクティブプログラミングは、値の変化や値同士の関係を定義することでプログラムを記述していくデータフロー志向な手法です。よく例に挙げられるのが「スプレッドシート」の例です。たとえば**図1.1**のように、スプレッドシートの「C1」のセルに計算式を設定します。

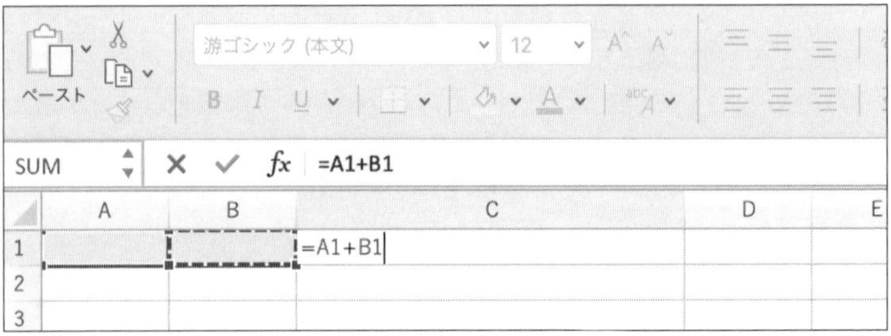

▲図1.1

「A1」と「B1」に値を入力すると、「C1」にはその和が入りますね。

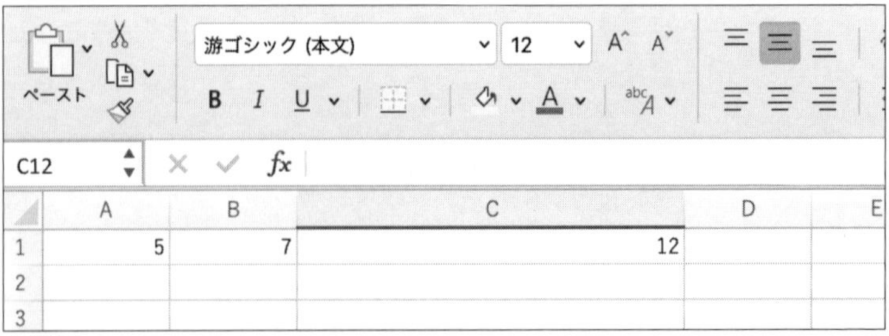

▲図1.2

次に、「B1」の値を変更してみます。

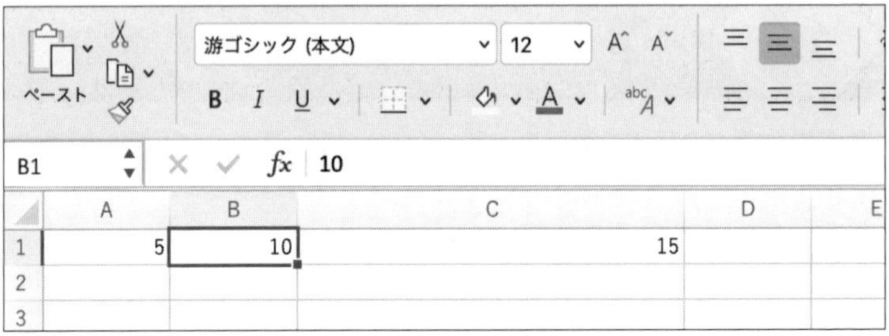

▲図1.3

即座に「C1」の値が変化します。スプレッドシートでは当たり前の動作ですが、これを従来のプログラミング手法で記述しようとするとけっこう大変です。「2つのセルを足す」ぐらいならまだよいのですが、ある値の変更が瞬時にほかのさまざまな要素に伝播していくしくみを書こうとすると、変化を監視しておかねばならない値、変化を反映する対象やタイミングなど、コードに書いて表現しなければならないことがどんどん増えていくでしょう。

Webアプリケーションのフロントエンドでは、APIとの通信を含めて非同期な処理が多くなります。非同期処理は「上から下に順番に命令を実行する」ような従来のプログラミング手法とは相性がよくありません。また、ユーザとの直接の接点になるUIの処理も同様です。アプリケーションが複雑になればなるほど、ユーザからの入力「イベント」に対するリスナを大量に記述しなければならなくなり、イベントハンドラ間でのデータのやりとりや順序の管理も煩雑になってしまいます。リアクティブプログラミングの手法は、こういった問題の多くを解決してくれるのです。

Vue.jsが採用する「MVVM（Model – View – ViewModel）」パターンでは、アプリケーションは次の3つのパーツに分割して考えられます。

- モデル：データと手続き（ビジネスロジック）を担当する
- ビュー：ユーザとの接点として、画面表示や入力を担当する
- ビューモデル：ビューのために「状態」を管理し、モデルとビューの間のデータのやりとりを担当する

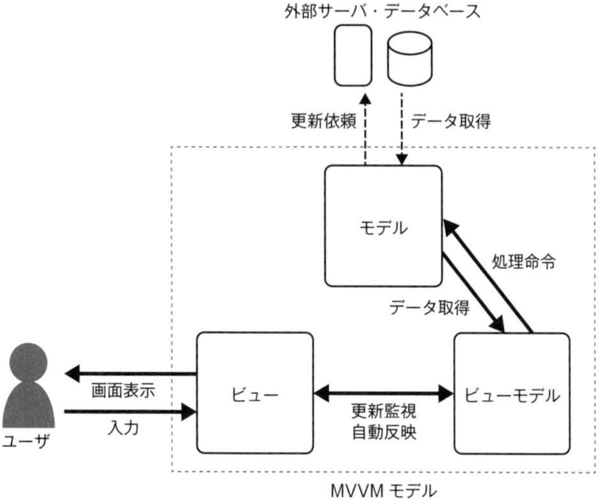

▲図1.4　リアクティブプログラミング

モデルは、Vue.jsではシンプルなJavaScriptオブジェクトであり、データがビューに反映されるタイミングや表示のされ方については一切関知しません。ビューモデルが状態を管理し、モデルから渡されるデータを使って適切なタイミングで自動的にビューの書き換えを行います。従来のパラダイムでは、モデルが持つデータが変更された場合、その変更をビューに反映するためにたくさんのコードを記述する必要がありましたが、Vue.jsのリアクティブシステムではモデルのデータへの変更はビューモデルが仲立ちして自動的にビューに反映されます。アプリケーション開発者は膨大なイベントリスナやコールバックによって自力でDOMを管理し、更新する手間から解放され、もっと重要なコードに専念できるというわけですね。

1.4 プログレッシブフレームワーク

もちろん、リアクティブなJavaScriptフレームワークはVue.jsだけではありません。React、Angular、Knockoutなど、リアクティブな考え方を取り入れたフレームワークにはいろいろなものがあります。その中でもVue.jsが高く評価されているのが、「プログレッシブフレームワーク」という概念を持っている点です。

今日、「フレームワーク」は、アプリケーション開発においてとても重要な役目を担っています。Webの黎明期から業界にいる古参開発者ならいざ知らず、現代の多くの開発者にとっては、フレームワークなしでアプリケーションを開発するというのはちょっと想像しづらい……というか考えたくないことでしょう。しかし、日ごろ便利に使っているフレームワークも、利点ばかりではありません。

まず、新しいフレームワークを採用するには、必然的に「習得コスト」がかかります。そして最新の技術として導入したフレームワークも、随時アップデートしていかなければいずれ陳腐化してしまいます。また、開発時は期待どおりの性能が出せていても、ユーザや機能が増えてサービス自体が発展していけばいずれ不満が出てくる可能性もあります。かといって、小さなアプリケーションに最初から「機能全部盛り」みたいな重厚長大なフレームワークを導入するのも非効率です。

Vue.jsが提唱する「プログレッシブフレームワーク」は、アプリケーションの成長や変化に応じて、必要な機能を漸進的に導入していけるようにしよう、という思想です。Vue.js自体はシンプルに小さく設計されており、基本的な機能だけなら習得も容易です。サービスが大きくなって機能が不足してきたら、ほかのライブラリを組み合わせたり、Vue.jsのより高度な機能を導入することで段階的にアプリケーションを成長させていけますし、追加する機能のことはVue.jsの基本さえ理解していれば必要になってから学習しても十分間に合います。フレームワークの機能も開発者のスキルも一緒に伸ばしていけるという点は、現場のエンジニアにとっても表面的な「概念」以上に大きな意味があるでしょう。

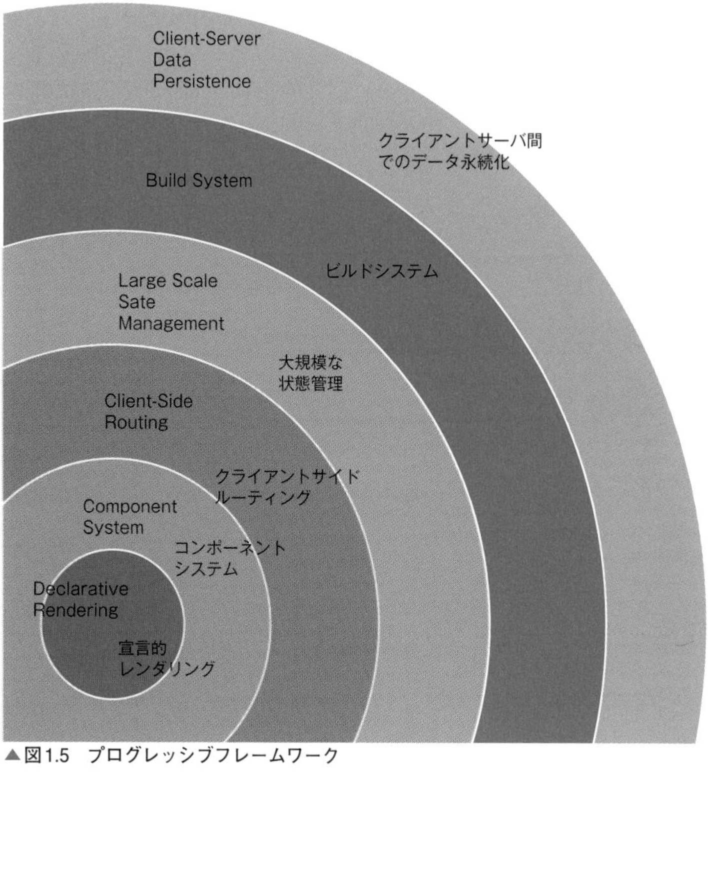

▲図1.5　プログレッシブフレームワーク

1.5 仮想DOM

もう1つ、Vue.jsの大きな特徴として「仮想DOM」があります。みなさんご存じのように、WebブラウザはHTMLで書かれた文書を「DOMツリー」として解釈してから画面に表示（レンダリング）します。jQueryなど従来のJavaScriptフレームワークでは、この「DOM」そのものを操作することで画面を書き換えていました。一方Vue.jsは、この「リアルなDOM」とは別に「バーチャルなDOM」、つまり「仮想的なDOM」を内部に構築します。この仮想的なDOMはシンプルなツリー状の構造体であり、リアルなDOMに比べると作成や変更にコストがかからない＝高速に扱えるようになっています。Vue.jsでは、画面表示に使用するデータが変更されると、まずその変更は仮想DOMに反映されます。リアルなDOMに対しては、仮想DOMに変更が加えられた箇所だけを抽出し、差分のみの変更が行われます。つまり、高速に扱える仮想DOMを対象とすること、差分だけの更新で複雑なリアルなDOMへの操作を最小限にとどめること、の2つによって、Webブラウザへの高速な描画が実現できるのです。

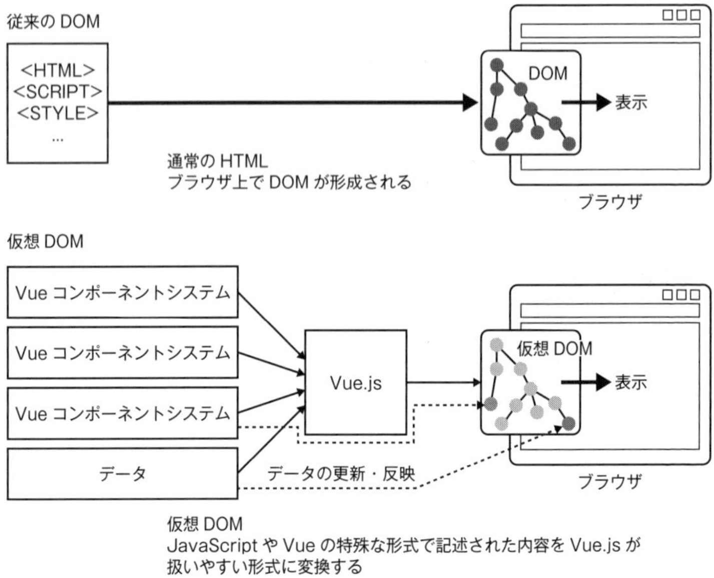

▲図1.6　従来のDOMと仮想DOM

仮想DOMを採用しているのはVue.jsだけではありません。React.jsも、仮想DOMを使った高速な描画を行います。これからJavaScriptフレームワークを利用してアプリケーションのフロントエンド開発を行うなら、仮想DOMという考え方について知っておくことはとても重要になるでしょう。

1.6 jQueryとの比較

ここしばらくの間、JavaScriptによるアプリケーション開発では「jQuery」が支配的な役割を担ってきました。jQueryは、DOMの操作やイベントの取り扱いからAjaxによる非同期通信まで、実装を飛躍的に簡単にしてくれる優れたライブラリであり、Webアプリケーション開発の現場では現在も広く利用されています。しかし、Vue.jsやReact.jsの登場によって、最近では「jQueryの役目は終わった」とまで言われることが増えてきました。では、Vue.jsとjQueryは何が違うのでしょう？

まず、大きな違いの1つとして、jQueryが「手続き的」であるのに対してVue.jsが「宣言的」である、ということが挙げられます。jQueryでは、「このイベントが発生したらこの処理を行う」「DOMのこのノードに対してこの処理を行う」といった形で「手続き」として処理を記述することがほとんどですが、Vue.jsでは「テンプレート」と「データ」を関連付ける「宣言的」な方法でスクリプトを記述します。jQueryでは少し複雑なことをやろうとするだけでたくさんのイベントハンドラを記述しなければなりませんが、Vue.jsではシンプルかつ少ない記述でDOMとデータを紐付け、自動的にデータが画面上に反映されるしくみを作ることが可能です。

前述した「仮想DOM」があることも、Vue.jsとjQueryの大きな違いです。リアルなDOMを操作するjQueryに対して、仮想DOMが使えるVue.jsでは、高速なレンダリングやリアクティブな動作をシンプルなコードで表現できる点が大きなメリットになります。また、DOMノードを選択して操作することが多いjQueryでは、HTMLの変更によるDOMの構造の変化がアプリケーションの動作に影響してしまうケースがあります。仮想DOMによってロジックとDOMが切り離されていることは、保守性の高いアプリケーションを構築するためにも有利と言えるでしょう。

ただ、Vue.jsとjQueryを比較したときに、すべてのアプリケーションでjQueryを廃してVue.jsに置き換えればいいというものでもありません。

jQueryには「手軽さ」「小規模なアプリケーションでの小回りの良さ」といった利点も依然としてあります。「jQueryならある程度わかる」というデザイナーさんも多いので、開発プロジェクト全体からすれば分業の範囲を柔軟に検討できるのは安心です。

今後新たに開発する規模が大きなシステム、長く使われることが想定されるアプリケーションで、かつVue.jsのスキルを持った開発者が十分にアサインできる、余裕を持った開発期間を取れる、といったケースであれば、もちろん新しいしくみで構築するほうがメリットは大きいでしょう。逆に、期間限定で掲載されるランディングページの制作のようなケースでは、無理をして新しい技術を採用するよりもjQueryを選ぶことが理に適っている場合もあると思いますし、そういうときこそ実験的にVue.jsを採用することでスキルを積んでみる、というのも1つの考え方でしょう。

1.7 Vue.jsが提供すること、しないこと

1.7.1 Vue.jsはデザインを提供しない

Vue.jsはあくまでもリアクティブプログラミングを支援するフレームワークです。Webコンポーネントの構築が容易になることからUIやデザイン方向に注力することができ、リッチなインターフェースを持ったサンプルやコンポーネントが多く見られます。そのためか、Vue.jsで構築すると今風のリッチなデザインを持ったアプリケーションが簡単に構築できると思われがちです。これは半分正解ですが半分不正解です。なぜならVue.js自体はCSSを提供しません。つまり、HTMLのスタイル装飾は従来どおり自分自身のセンスで自分自身の手で記述する必要があります。

もちろん、オープンソースのVue.jsコンポーネントなどは`npm`コマンドで簡単に組み込むことができるので、Web上に公開されているお洒落なインターフェースを手軽に導入することは可能です。また、Vueに特化したCSSフレームワークなども公開されているため、手軽にデザインを組み込むことも可能です。ただ、いずれもVue.js自体がデザイン機能を持っているのではなく、あくまでもサードパーティ製ライブラリを選定・導入・カスタマイズすることによって実現できるため、構築に関してはやはり自身のセンスが問われることになります。

1.7.2 Vue.jsはCMSではない

Vue.jsはWordPressなどのようなCMS（コンテンツ管理システム）ではないため、サイト管理が得意なわけではありません。もちろんサイトをVue.jsで構築できないというわけではありませんが、HTMLやCSSは自身の手で記述し通常の静的サイト同様に公開する必要がありますので、また、次項のとおり検索サイトでのキーワード検索結果は静的サイトに比べて圧倒的に不利となります。

1.7.3 Vue.jsは検索エンジン対策ができない

Vue.jsで実現化されるHTMLは仮想DOMと呼ばれるJavaScriptによって具現化されたHTMLです。これはすなわち、JavaScriptの実行環境を持たない検索サイトのクローラーボットに対しては無効[注1]なので、Vue.jsだけでは完全なSEO（サーチエンジン最適化）対策は不可能です。これを解決する方法としてはSSR（Server Side Rendering：サーバサイドレンダリング）と呼ばれる手法で、Vue.jsのレンダリング処理をサーバ上のNode.jsで実行し、結果となる仮想DOMを直接ブラウザに送り込むという方法があります。SSRのフレームワークとしてはnuxt.js[注2]が挙げられますが、本書では扱いませんので興味のある方は調べてみてください。

注1　最近のGoogleのクローラー（Googlebot）は内部的にChromeを内蔵しており徐々に実行環境が改善されています。将来的にはVue.jsのサイトでも仮想DOMが検索結果に残る日が来るかもしれません。

注2　https://nuxtjs.org/ja/

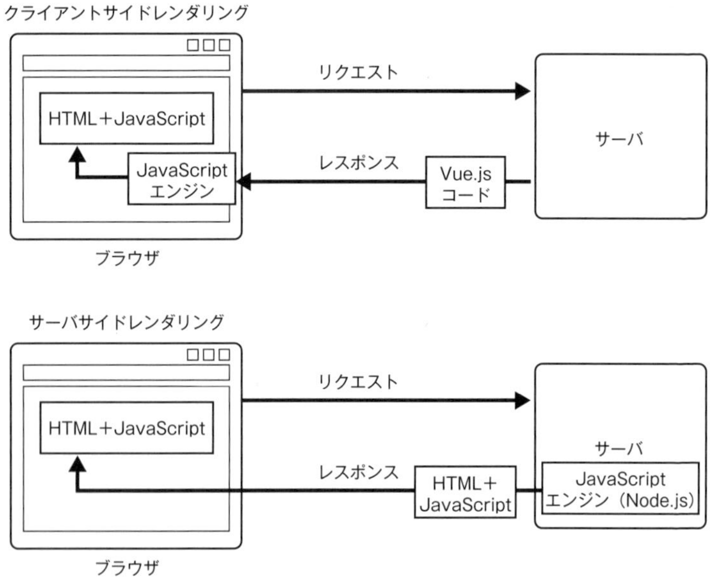

▲図1.7　クライアントサイドレンダリングとサーバサイドレンダリング

1.8 動作環境

1.8.1 対応ブラウザ

Vue.jsは、現在利用されているほとんどのWebブラウザで動作します。すでにサポート期限が切れているのでお使いの方は少ないとは思いますが、バージョン8以前のInternet Explorerはサポートされません。Vue.jsはECMAScript 5（ES5）の機能を使っているため、ES5に対応していないIE8では動作しないのです。「es5-shim」ライブラリを使うと一部のES5の機能がIE8上でシミュレートできますが、Vue.jsはes5-shimでカバーされない機能も利用しているため、IE8は非対応となっています。バージョン9以上のInternet Explorer、Edge、Firefox、Chrome、Safari、OperaなどならばVue.jsのすべての機能が動作しますし、モバイルでもiOS用のSafari、Android Browser、Android版Chromeなどがサポートされています。Vue.jsを採用するにあたり、対応ブラウザについて心配することはほとんどないでしょう。

1.8.2 ECMAScriptについて

実行可能なスクリプト言語の種類はWebブラウザによって異なりますが、現在ほぼすべてのWebブラウザが対応しているのが「ECMAScript」です。「ECMAScript」というと馴染みが薄いかもしれませんが、これは「標準化されたJavaScriptの中核」の名称になります。もともとネットスケープが開発し、Mozillaに引き継がれてきたJavaScriptですが、標準化団体「ECMA（European Computer Manufacturers Association）」のもとで仕様が定義され、その仕様に基づいた実装が行われることで、ブラウザやデバイスの機種ごとに動作に差異が出てしまうことを避けられるのです。

ECMAScriptは2015年にバージョン6（ES6）が発行され、このバージョンから毎年新バージョンを発行するということで、ES2016、ES2017のように年度付きの名称で呼ばれます（ES6は2015年なので、ES2015が正式名称になります）。なお、ES5からES2015のバージョンアップで便利な機能や構文が多く追加され、従来より大幅にシンプルで読みやすいスクリプトを記述できるようになりました。各主要ブラウザの対応も整ってきたため、現在JavaScriptの主流はES2015に移りつつあります。ES2016、ES2017、ES2018では細かい機能強化が行われていますが、基本的にES2015からの小変更なので、ES5以前の知識でJavaScriptを書いている場合はまずES2015での変更点を理解しておくとよいでしょう。

COLUMN

フロントエンドでよく聞くSPAとは？

フロントエンド開発、特にVue.jsやReactといったフレームワークを使っているとSPAという単語をよく聞くでしょう。SPAとはシングルページアプリケーションと言って、単一ページで1つのサイトを作り上げてrouterなどを使用してあたかも違うページに遷移してるかのように見せることができるものです。ページは変わっていませんがrouterの中でURLを指定することでURLも変わっているように見せることができます。

SPAのメリットは何と言ってもユーザにページ遷移を感じさせないことです。実際、1つの同じページを表示しているため動きが滑らかです。従来はクライアント側がリクエストを送ると変更されていない箇所も含めて全体のデータがレスポンスとして返って来るので無駄なデータ通信が発生してしまいます。しかし、SPAなら変更する差分のみ更新をするので処理も速くなります。現在のモダンフロンドエンド開発ではSPAで開発していくことが主流になっています。

第2章

Vue.js 3を使ってみよう

2.1 Vue.js 3とは？

まずはVue.js 3（以下、Vue 3と書きます。）とは何なのか？どこがいいのか？を見ていきましょう。

Vue 3は2020年9月にコードネーム'One Piece'として正式にリリースされました。Vue.js 2.0へのアップデートから約2年ぶりのメジャーアップデートということで機能や書き方など変更点は多くありますが、これまでVue.jsを使ってきた開発者にとってはそれほど学習コストが高いものではありません。さらに現在ではバージョン3.2がリリースされVue 3にメジャーアップデートされた当初と比べてより使いやすくなりました。

2.1.1 Composition APIの導入

それまでのVue.jsとVue 3の特に大きな違いはComposition APIの導入でしょう。Vue 2以前のクラスベースで書かれていたAPIからVue 3では関数ベースのAPIになりました。Vue 3のComposition APIに対してVue 2以前のAPIはOptions APIと呼ばれています。それまでのVue.jsではコンポーネントオプションの中にすべての処理を書いていたので、同じ関心事のロジックが（data, computed, methods……など）バラバラに記述されることになり、どこにどの関心事の処理が書いてあるのかわかりづらい可読性の低いプログラムになりがちでした。

可読性の低さは保守性の低さにつながります。また、関心事が分散していることによってロジックを切り出して再利用することが難しいものになっていました。短いプログラムではあまりこれらのことは問題にならないかもしれませんが、何百行とあるコードの中で同じ関心事のロジックが分散していると読み解いていくだけでも一苦労になり、大規模開発ではこのデメリットは顕著になります。

```
export default {
 data: {
  places: [],
  place: [],
  favorites; {},
  isShow: true,
 },
 created() {
  currentListId = this.getUserListId();
  $('#togo-link').attr('href', `togo-list.html#${currentListId}`);

  this.fetchFromFirebase();
 },
 methods; {
  getUserlistId:function(){
   const listId = localStorage.getItem("currentListId");
   console.log(listId);

   if(listId === null){
     let uid = this.getUniqueStr();
     localStorage.setItem("currentListId", uid);
     console.log(uid);
     return uid;

 watch; {
   place: function (newPlace, oldPlace) {
    console.log("watcher");
    console.log(newPlace);
    this.getDetails(newPlace.id);
  }
 }
}
```

▲図2.1　Options APIでは関心事がバラバラに点在している

この点を克服したのがVue 3から導入された「Composition API」です。Composition APIでは関心事ごとに1つのカプセルに閉じ込めるようにして処理を書いていくことができます。これによって可読性と保守性が上がり、ロジックの再利用性が高まりました。**図2.2**のイメージ図にあるようにComposition APIでは`setup`関数の中に1つの関心事の処理をまとめて書くことができます。

```
export default {
  setup () {
    const data = reactive({

    })

    const fn = function () {

    })

    const cp = computed({

    })

    return {
        data,
        fn,
        cp
    }
  }
}
```

▲図2.2　Composition APIはsetup()の中に1つの関心事をまとめて書ける

Composition APIでは、インスタンスの中にオプションを書き連ねていくOptions APIと違い、setup関数の中に必要なデータや処理（Options APIで言うdata, computed, methods, watchオプションなど）を記述していきます。

```
export default {
    setup() {
    //オプション
    }
}
```

Composition APIについて詳しくは**第6章**で見ていきます。

2.1.2 <script setup>でより使いやすく

Vue 3にアップデートされた直後の記法は、上記で紹介したようにscriptタグの中にsetup関数の中で処理を書いていき、変数やメソッドは最後にreturnで返す書き方でした。しかし、Vue 3.2からは<script setup>でより簡潔に書けるようになり、さらにパフォーマンスが向上しました。

<script setup>はComposition APIとまったく別物というわけではなく<script>のシンタックスシュガー（糖衣構文）です。

setup関数は使わずにsetup属性をscriptタグに追加するだけで使えるようになります。またexport defaultでエクスポートする必要がなくなったこと、<script setup>内で宣言した変数やメソッドはreturn文なしで使えるようになったことで、従来の記法よりずっと少ないコード量で同じ処理を実現できます。

```
<script setup>
import { ref } from 'vue'

const name = ref('Vue 3')
</script>

<template>
Hello, {{ name.value }}
</template>
```

propsとemitを定義する際はdefinePropsとdefineEmitを使用します。これらはインポートすることなく使用できます。

defineProps

App.vue

```
<script setup>
import HelloWorld from './components/HelloWorld.vue'
import { ref } from 'vue'

const propsMsg = ref('Message from Parent !')
</script>

<template>
  <HelloWorld  :msg="propsMsg" />
</template>
```

HelloWorld.vue

```
<script setup>
import { ref } from 'vue'

const props = defineProps({
  msg: String
})
```

```
</script>

<template>
  <h1>{{ msg || 'Message from Child !' }}</h1>
</template>
```

defineEmits

App.vue

```
<script setup>
import HelloWorld from './components/HelloWorld.vue'
import { ref } from 'vue'

const defaultMsg = ref('This is Parent')
</script>

<template>
  <HelloWorld  @update:modelValue="(newMsg) => defaultMsg = newMsg" />
  <h1>{{ defaultMsg }}</h1>
</template>
```

HelloWorld.vue

```
<script setup>
import { ref } from 'vue'

const emitEvent = defineEmits(['update:modelValue'])
emitEvent('update:modelValue', 'Message from Child !')
</script>

<template>
  <h1>Child component</h1>
</template>
```

2.1.3 TypeScriptサポートの強化

TypeScriptはJavaScriptを拡張した言語ですが、JavaScriptにはない静的型付け[注1]が可能で年々人気が高まっている言語です。Vue 2以前も

注1　あらかじめ変数や関数に型宣言をすること。静的型付け言語では異なる型が入っていた場合、実行前のコンパイル時にエラーを出します。

TypeScriptを使うことはできたのですが、デコレータを使うなどの手間がかかり、TypeScriptとの相性の面でReactやAngularと比べ劣勢でした。Vue 3からはTypeScriptが正式にサポートされ、この点を克服しました。

速くて軽い

ユーザにストレスなく使ってもらうには速いことは重要です。それまでのバージョンではバンドル[注2]時に、使われているコードか否かにかかわらず、すべてのコードが最終的な成果物に含まれてしまっていました。Vue 3ではツリーシェイキングと呼ばれる手法がサポートされたことで、バンドル時に不要なコードが排除され、最終的に出力されるファイルのサイズが半分ほどになりました。

ここで紹介したのはVue 3の変更点の一部です。また、文章だけだと何がそんなに違うのかイメージが湧かないかもしれません。これから見ていく節で一緒にサンプルコードを書きながら感覚をつかんでいってください。

2.2 Vue 3で廃止された機能

この節ではVue 3で廃止された機能を見ていきます。廃止された機能はそれほど多くありません。また、従来のやり方ではないだけで代替方法が用意されているものがほとんどです。

2.2.1 キーコード修飾子の廃止

Vue 2以前は`v-on`でイベントを発火させる際にキー修飾子の代わりにキーコードを使用することができました。

```
<input v-on:keyup.enter="submit">
↓
<input v-on:keyup.13="submit">  // Enterの代わりに振り当てられている
キーコード13を使用
```

しかしキーコードの使用自体非推奨なため、Vue 3ではサポートされな

注2　別々になっているモジュールを束ねて1つのファイルとして出力すること。

くなりました。また、同様にconfig.keyCodesを用いて独自エイリアス[注3]の定義もサポートされなくなりました。

```
Vue.config.keyCodes = {
  f1: 112   // 112というキーコードとf1キーを対応させている
}
```

2.2.2 filterメソッドの廃止

Vue 3からはfilterメソッドはサポートされなくなりました。filterメソッドとは、テキストのフォーマットを整形する機能です。平たく言うと、最初の文字を大文字に変えたりカンマを追加したりなど、テキストを加工してくれるということです。

Vue 3でfilterと同じことをしたい場合は、算出プロパティかグローバルフィルタを使用しましょう。

次のサンプルコードは算出プロパティを用いた例です。名前に「猫の」という文字列を加えて返しています。

App.vue

```
<template>
  <HelloWorld cat-name="みるく"/>
</template>

<script>
import HelloWorld from './components/HelloWorld.vue'

export default {
  name: 'App',
  components: {
    HelloWorld
  }
}
</script>
```

HelloWorld.vue

```
<template>
  <h1>Cat Name</h1>
```

注3　別名のことです。

```
  <p>{{ catPlus }}</p>
</template>

<script>
  export default {
    props: {
      catName: {
        type: String,
        required: true
      }
    },
    computed: {
      catPlus() {
        return '猫の' + this.catName
      }
    }
  }
</script>
```

2.2.3 `$listeners`の廃止

`$listeners`は親コンポーネントで定義されたv-onイベントリスナを格納しているプロパティで、次のように子コンポーネントで呼び出して使うことができました。

```
<child-component v-on="$listeners"></child-component>
```

Vue 2以前はコンポーネントに渡される属性とイベントリスナは分けられており、`$attrs`と`$listeners`の2つのプロパティがそれぞれ用意されていましたが、Vue 3からはイベントリスナが属性の一部になったため`$attrs`プロパティにマージされ、`$listeners`プロパティ自体は廃止されました。つまり、`$attrs`プロパティに属性とイベントリスナのどちらもが入るということです。

2.2.4 `$on`、`$off`、`$once`メソッドの廃止

`$on`, `$off`, `$once`はいずれもインスタンス自体から発火されたカスタムイベントを監視するメソッドです。これらのメソッドはVue 3からは廃止さ

れました。Vue自体に代替のメソッドは用意されていませんが、mittやtiny-emitterといったライブラリを使うことでこれまでと同様にイベントのやりとりが行えます。

2.2.5 childインスタンスプロパティの廃止

Vue 2以前は$childrenというインスタンスプロパティを使って子コンポーネントにアクセスしていましたが、Vue 3ではこのプロパティはサポートされなくなりました。Vue 3で子コンポーネントにアクセスしたい場合はrefプロパティを使います。注意点としてrefはVue 2以前の$refとは使い方が異なります。Vue 3でのrefの使い方については**6.13節**を参照してください。

2.2.6 propsDataの廃止

主に単体テスト（ユニットテスト）でインスタンスにプロパティを渡してあげるときに使用するオプションです。

2.2.7 $destroyインスタンスメソッドの廃止

$destroyはインスタンスを完全に破棄するメソッドです。これはVue 2以前も通常呼び出す必要はなく、v-forかv-ifでインスタンスの表示／非表示を切り替えることが推奨されていましたが、Vue 3では廃止されました。

2.2.8 Vue.set (vm.$set)／Vue.delete (vm.$delete) の廃止

Vue 2以前はインスタンス生成時にデータ内に存在していたプロパティのみがリアクティブデータで、あとから変更することはできませんでした。あとから追加する必要がある場合はVue.set（またはエイリアスのvm.$set）、あとから削除する場合はVue.delete（またはエイリアスのvm.$delete）を使う必要がありました。しかし、Vue 3からはあとから追加されたプロパティもリアクティブになるので、これらのグローバルAPI、インスタンスメソッドは使う必要がなくなりました。Vue 3でのリアクティブの詳細は**4.6節**を参照してください。

2.2.9 v-on.nativeの廃止

v-onディレクティブにイベント修飾子というものがいくつか用意されていますが、v-on.nativeはコンポーネントのルート要素のネイティブイベントを呼び出す際に使う修飾子です。Vue 3ではこの修飾子は廃止されました。同様のことをしたい場合は、emitsを使用してください。emitsオプションについては**5.7節**を参照してください。

2.2.10 関数型コンポーネントに関する変更点

Vue 2以前で関数型コンポーネントを使いたい場合は次のようにfunctionalオプションをつける必要がありました。

```
export default {
  functional: true, //オプション設定が必要
  props: ['data']
}
```

また、単一ファイルコンポーネントで関数型コンポーネントを使いたい場合はtemplateにfunctionalをつけていました。

```
<template functional>
```

Vue 3からは関数を作成する際のfunctionalオプションが必要なくなりました。

```
const SampleComponent = (props, context) => {
  return h(`h${props.data}`, context.attrs, context.slots)
}

DynamicHeading.props = ['data']

export default SampleComponent
```

単一ファイルコンポーネントで書く場合にも、テンプレートタグのfunctionalが必要なくなり、<template></template>で使用できるようになりました。注意点としては、参照する際にpropsから$props、attrsから$attrsに変更する必要があります。

2.2.11 inline-templateの廃止

子コンポーネントの中のHTML要素をテンプレートとして扱うためのinline-template属性はVue 3からはサポートされなくなりました。Vue 3で同様のことをする場合は<script>タグを使うかv-slotを使いましょう。スロットの詳細は**5.8節**と**6.19節**です。

2.2.12 this.$scopedSlotsの廃止

これまでスコープつきスロットの値を取得するときはthis.$scopedSlotsを使っていましたが、Vue 3からはthis.$slotsに統合されました。

2.2.13 .sync修飾子とmodelオプションの廃止

親子間でデータのやりとりを行うときv-modelを使うと通常プロパティは1つしか渡せません。複数のバインディングをしたい場合、Vue 2.3〜ではv-bind.syncという修飾子を使っていました。Vue 3からはv-modelに複数のプロパティを渡すことができるようになったため、.sync修飾子は廃止されました。

```
v-bind:title.sync="updateTitle"  // Vue 2.3~
v-model:title="updateTitle"  // Vue 3
```

また、Vue 2.2〜ではv-modelを使う際にデフォルトのプロパティ名であるvalueの競合を避けるためにmodelオプションが用意されていましたが、このオプションも廃止されました。

2.3 Vue 2→Vue 3の変更点

2.3.1 createApp

Vue 3ではインスタンスの生成方法が変わりました。従来のVue関数ではなく、createApp関数でルートコンポーネントインスタンスを生成します。DOMへのマウントもelではなくmountを使います。

```
const app = new Vue()  // Vue 2.x
const app = Vue.createApp()  // Vue 3.x
const app = Vue.createApp()
app.mount('#app')   // <div id="app"></div>に表示させる
```

2.3.2 Vue 3でのリアクティブ

Vue 2以前はインスタンスを初期化する際に存在するプロパティでなければリアクティブなデータとしては扱われず、あとからプロパティを動的に追加してもリアクティブにはなりません。あとからプロパティを追加・削除したい場合は`Vue.set()`, `Vue.delete()`またはエイリアスの`vm.$set`, `vm.$delete`を使う必要がありました。Vue 3からはプロキシベースになったことでこれらの関数を使わずに動的にプロパティを追加することが可能になりました。

2.3.3 Teleport

`Teleport`はある場所からほかの場所にテレポーテーションしたかのようにテンプレートを描画させることができる機能です。以前のバージョンでも`vue-portal`というプラグインを使うことで同じことができましたが、Vue 3からは`teleport`という名称で正式にサポートされました。

使い方はとてもシンプルで`<teleport to="ターゲット要素"></teleport>`をテンプレートの中に記述するだけです。`to="○○"`でターゲット要素を指定すると、その要素の子として描画させることができます。

2.3.4 Fragments

Vue 2.xまでは1つのコンポーネントは1つのルート要素しか含めない仕様になっており、複数の要素があると「Component template should contain exactly one root element.」といったエラーメッセージが出てしまうので`<template></template>`の中の要素を1つの`<div></div>`でくくってあげる必要がありました。Vue 3からはFragmentsがサポートされたため複数のルート要素を含めるようになりました。

```
<template>
  <header>Header</header>  // OK
  <div>Content</div>
```

```
  <footer>Footer</footer>
</template>
```

2.3.5 Suspense

Suspenseは表示したいコンポーネントがレンダリングされるまでの間に、代替のコンポーネントを表示させることができるコンポーネントです。主な用途として非同期処理が挙げられます。外部のAPIにリクエストを送り、データが返ってくるまでの間ローディング画面を表示させるといったことはフロントエンド開発の中でよくある処理です。以前は、非同期処理待機中のローディング画面を実装する場合、v-ifやv-showを使ってそのコンポーネント内で処理を行っていましたが、Vue 3のSuspenseではそのコンポーネント内ではなく、コンポーネントツリーの上の階層で同じ処理をより簡単に実装できるようになりました。

2.3.6 カスタムオプション

emitsオプション

Vue 3ではpropsオプションのようにemitsオプションを定義できるようになりました。オプション定義では、配列として定義する場合とオブジェクトで定義して検証も行う場合の2通りのやり方があります。オブジェクトで定義した場合のみ検証も行えます。

v-model

Vue 2.xではv-modelのプロパティはvalue、イベントにinputを使用していましたが、Vue 3からは名前を指定しなかった場合、プロパティがmodelValue、イベントがupdate:modelValueとなりました。

▼表2.1　v-model

	Vue 2	Vue 3
プロパティ	value	modelValue
イベント	input	update:modelValue

inputで入力されたデータが親から子へpropsとして渡されます。入力された値に変更があると$emitで親に通知が行き変更が反映されます。Vue 3からもテンプレート内では$emitとすることに注意してください。また、

Vue 3からのv-modelでは1つのコンポーネントに対して複数のバインディングができるようになりました。**このためv-bindの.sync修飾子は廃止されました。**

独自修飾カスタム

v-modelには.trim, .number, .lazyなどいくつかの組み込み修飾子が用意されていますが、Vue 3からは独自に組み込み修飾子を作成することができるようになりました。

2.3.7 key属性

keyノード<template v-for>と非v-forノード（v-if, v-else, v-else-if）の使用方法が変更になりました。

Vue 2.xではv-if, v-else, v-else-ifでkey属性を使用することが推奨されていました。

第3章

環境構築

この章ではVue.jsでWebアプリケーション開発を始めるための環境を準備します。

3.1 手っ取り早くVue.jsを試す

環境構築で挫折しないためにも、まずは手軽なオンラインプレイグラウンドサービスを使用してVue.jsを試してみましょう。オンラインプレイグラウンドサービスとは、ブラウザ上でHTML、CSS、JavaScriptを編集し、その場で実行結果が確認できるサービスです。サーバの準備はもちろん、ライブラリのダウンロードやエディタのインストールなども不要です。またVueやReactなどのメジャーなWeb開発環境はあらかじめテンプレートが用意されており、クリックだけで簡単にVue.jsが動作する環境が構築できます。初期の環境構築はつまずきがちなところが多いので、こういったサービスを活用してVue.jsを試してみましょう。

オンラインプレイグラウンドサービスはいくつかありますが、ここではメジャーなjsFiddleとCodePenについて順に説明します。いずれも登録不要かつ無料で利用できます。

3.1.1 jsFiddleでVue.jsを試す

jsFiddle（https://jsfiddle.net）にアクセスすると、ブラウザには4分割のウィンドウ枠が表示されます（**図3.1**）。左上にHTML、右上にCSS、左下にはJavaScriptのエディタが表示され、右下にはこれらが反映されたプレビュー画面が表示されます。エディタはブラウザ上から直接編集が可能で、プレビューの枠内は表示されたHTMLエレメントなどに対してクリックなどのイベントを受け付けます。

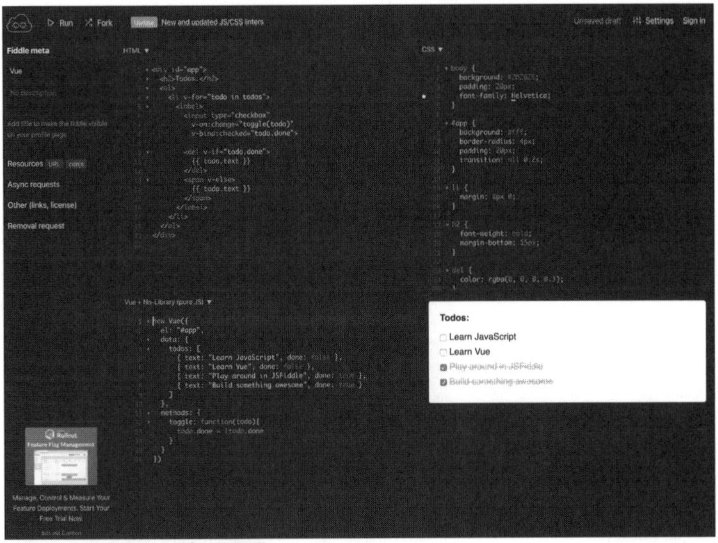

▲図3.1　jsFiddleエディタ画面

このエディタに直接Vue.jsのコードを記述してももちろん実行できますが、今回は手っ取り早くVue.jsを試すためにも、あらかじめ用意されたテンプレートを使用しましょう。下記URLにアクセスすることで、Vue.jsのテンプレートが各エディタに入力された状態で画面が開きます。

- jsFiddleのVueテンプレート
  https://jsfiddle.net/boilerplate/vue

図3.1の右下のプレビュー表示ではチェックボックスの状態によって文字列に取り消し線のスタイルを適用するサンプルが表示されます。各エディタはブラウザ上で自由に変更でき、[Run] ボタンをクリックすることで即座にプレビュー画面に反映されるので、どのコードを修正すればどこに反映されるか、といった挙動をこまめにチェックでき、Vueに限らずHTMLやJavaScriptの学習にも最適です。

3.1.2 CodPenでVue.jsを試す

CodPen（https://codepen.io）ではVueのテンプレートがいつくか用意さ

れていますので、下記URLにアクセスして任意のテンプレートを選択してみましょう。

- CodePenのVueテンプレート
  https://codepen.io/topic/vue/templates

図3.2の一覧からテンプレートを選択すると上段にHTML、CSS、JavaScriptの各エディタが表示され、下段に実行結果のプレビュー画面が表示されます。

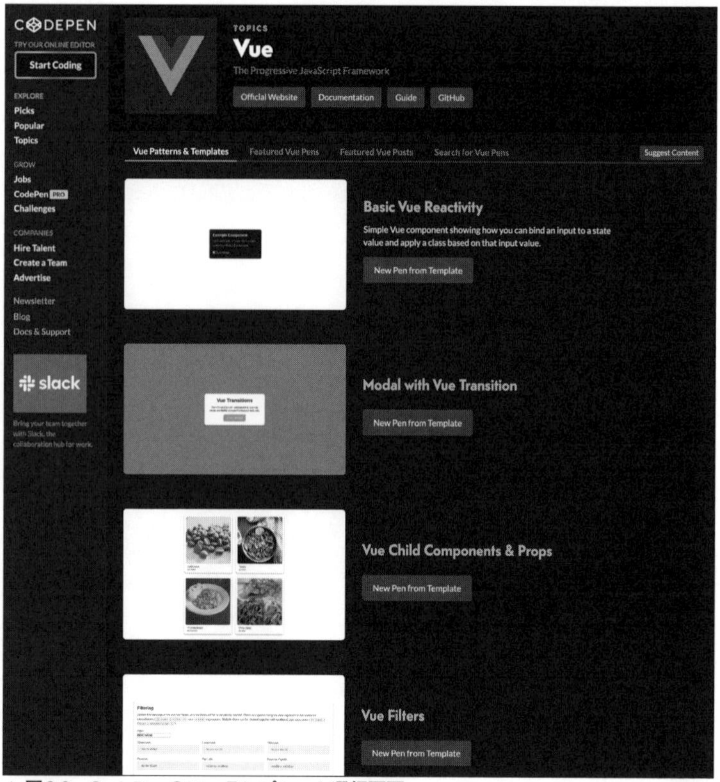

▲図3.2　CodePenのVueテンプレート選択画面

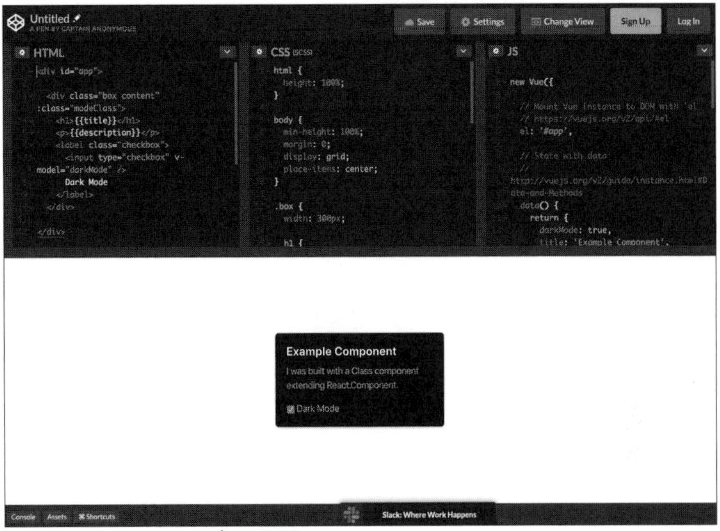

▲図3.3　CodePenのエディタ画面

jsFiddle同様、ブラウザ上で編集でき、プレビュー画面にも即座に反映されます。

jsFiddleもCodePenも、サインアップすることでコードを保存したり他人と共有するといった便利な機能が提供されています。特に初心者の方は、多くのテンプレートやほかの人が公開しているサンプルを動かしてみてVue.jsの特徴を体験してみましょう。

3.2 Webアプリケーションに Vue.jsを組み込む

前節のオンラインプレイグラウンドサービスはあくまでも動作確認やスニペットのための環境です。作成したVue.jsアプリケーションをインターネット上に公開したい場合はやはり環境を用意する必要があります。

Vue.jsでWebアプリケーションを作成するには大きく分けて2つの方法があります。1つはjQueryなどと同様にJavaScriptで記述されたパッケージファイルを直接HTMLに組み込んだうえでVue.jsのコードを実装する方法、もう1つは、Node環境を構築しVue.js独自の記述で実装したコードをトランスパイル（ブラウザが解釈できるように変換）し組み込む方法があります。

前者は手軽に試すことができるため小規模なサイトや部分的な導入に向いていますが、後述する単一ファイルコンポーネントなどVue.jsの機能をフルに活用できなかったりと、将来的にある程度規模の大きなWebアプリケーションへの移行を予定しているような場合は後者の環境の導入をお勧めします。後者はNodeの実行環境構築やツールの理解が少し難解なイメージがありますが、後述のVue-CLIを使用することである程度の構築は自動化できます。

3.3 HTMLに直接Vue.jsを組み込む

HTML内へ直接ファイルを組み込むには、CDN（Content Delivery Network）上に公開されているファイルを直接組み込む方法と、ダウンロードしてきたパッケージファイルをサーバにアップロードして組み込む方法、また、gitから取得した最新コードをビルドしたものを組み込む方法があります。いずれも一般的なJavaScriptライブラリと同様に`script`タグでファイルパスを指定するWeb開発でお馴染みの方法ですので難しく考える必要はありません。

3.3.1 CDN上のVue.jsを直接組み込む

CDNは、帯域や経路のボトルネックを解消するために構築された専用のネットワークです。このCDN上に配備されたリソースは事前のダウンロードやファイルの配備なども不要です。次のように`script`タグで直接配信サーバのURLを指定するだけなのでお手軽です。初めての方はまずこの方法で試してみるのがよいでしょう。

開発版

```
<script type="text/javascript"
  src="https://cdn.jsdelivr.net/npm/vue/dist/vue.js">
</script>
```

製品版

```
<script type="text/javascript"
  src="https://cdn.jsdelivr.net/npm/vue">
</script>
```

開発版はVueのデバッグモードが有効となっているためブラウザのコンソールにデバッグ情報が出てしまいます。開発段階では便利ですが本番環境ではそれが脆弱となるケースがあります。製品版はデバッグ情報の出力がオフになりソースコードもミニファイ化[注1]されていますので、デバッグ用と本番用など環境によって使い分けるようにしましょう。

次のコードをブラウザで開き、現在時間が表示されれば成功です。

```
<html>
  <meta charset="UTF-8" />
  <head>
    <script
      type="text/javascript"
      src="https://cdn.jsdelivr.net/npm/vue/dist/vue.js">
    </script>
  </head>
  <body>
    <div id="sample">
      ただいまの時間は {{ time }} です。
    </div>
  </body>
  <script type="text/javascript">
    Vue.createApp({
      el: '#sample',
      data: {
        time: new Date().toLocaleTimeString()
      }
    })
  </script>
</html>
```

注1　ソースコード内の改行や空白、コメントなど、プログラム的に不要な文字を極力除去すること。主にファイルサイズを軽くして転送パフォーマンスを上げるために行われます。

■実行結果

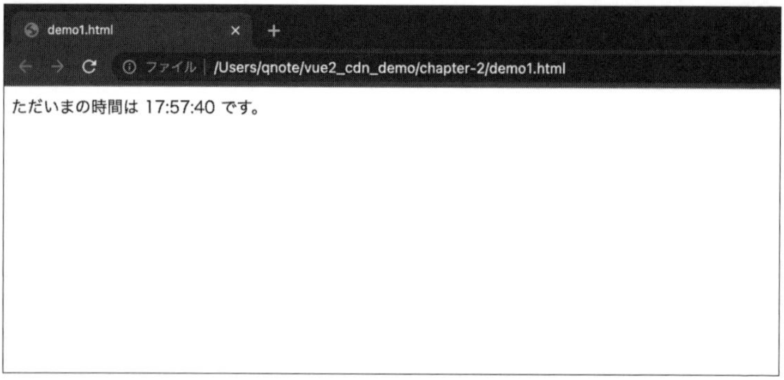

また、URLにバージョン番号を含めることで、任意のバージョンのVue.jsを使用することができます。バージョンに依存したコードを書く際はURLにバージョン番号を含めて固定しておいたほうが安全でしょう。

バージョン3.2.36で固定する場合

```
<script type="text/javascript"
  src="https://cdn.jsdelivr.net/npm/vue@3.2.36/dist/vue.js">
</script>
```

ここではjsDelivr（https://www.jsdelivr.com/）というCDNサービスを使用していますが、それ以外にもUNPKG（https://unpkg.com）やCDNJS（https://cdnjs.com/）などのCDNサービスを使用できます。

UNPKG

```
<script type="text/javascript"
  src="https://unpkg.com/browse/vue/dist/vue.js">
</script>
```

CDNJS

```
<script type="text/javascript"
  src="https://cdnjs.cloudflare.com/ajax/libs/vue/2.6.12/vue.js">
</script>
```

3.3.2 最新版ソースをダウンロードして組み込む

CDNを使用しない場合は次のURLから直接ダウンロードしたファイルを使用しHTMLに組み込んでください。

- 開発版：https://jp.vuejs.org/js/vue.js
- 製品版：https://jp.vuejs.org/js/vue.min.js

ダウンロードしたファイルはHTMLから参照できる場所に配置し`script`タグでファイルを指定すれば組み込み完了です。たとえばHTMLと同じフォルダに保存する場合は次のような記述になります。

開発版

```
<script type="text/javascript" src="./vue.js"></script>
```

製品版

```
<script type="text/javascript" src="./vue.min.js"></script>
```

3.3.3 GitHubから最新を取得してビルド

公式サイトでダウンロードできるファイルは常に最新版ですが、場合によっては特定のバージョンのVue.jsを使用したり、最新のベータ版を先取りして使用する場合もあるでしょう。その場合はGitHubに公開されている最新ソースコードをクローンし、任意のコミットからビルドすることで過去のバージョンを取得できます。

```
$ git clone https://github.com/vuejs/vue.git
$ cd vue
$ npm install
$ npm run build
```

実行したディレクトリ直下にdistフォルダとその下にJavaScriptファイルがいくつか生成されます。vue.jsとvue.min.jsのファイルを前節同様にHTMLから参照できる場所にコピーし`script`タグで組み込んでください。

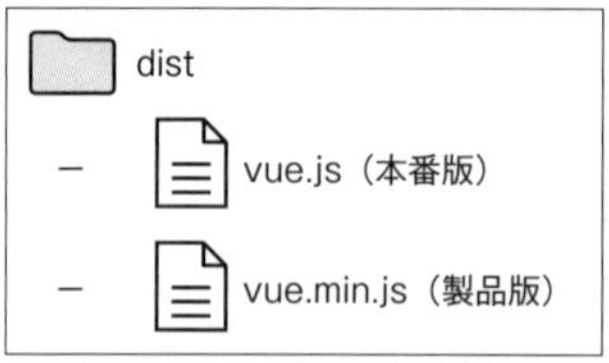

▲図3.4　GitHubから最新を取得してビルド

3.4 Vue-CLIで新規にWebアプリケーションを作成する

前述のとおり、Vue.jsの機能をフルに活用するためには、独自の構文をブラウザが解釈できる形式にトランスパイルする必要があります。また、依存するさまざまなライブラリパッケージも必要となるため、大規模になるにつれパッケージの組み込みやバージョン管理が大変になります。

通常、これらを解決するためにはNode.jsのパッケージ管理ツールであるnpm（Node Package Manager）コマンドを使用して、依存パッケージの管理やトランスパイル、バンドリング（ファイルの結合）などのツールを構成し作業を自動化します。

Vue.jsでは公式にVue-CLIというコマンドが提供されており、さらに構築が簡略化されています。コマンドラインではありますがウィザードによる選択形式であるため、細かなカスタマイズなども容易に行えます。

3.4.1 Node.jsのインストール

Vue-CLIはNode.js環境が必要なため事前にインストールしておきましょう。Vue-CLIのインストールに必要なnpmコマンドもNode.jsに同梱されていますのでインストールは必須です。また、Vue.jsの初期セットアップだけでなく、今後、実装したコードをトランスパイルするたびに必要となるため、開発用のPCには一時的ではなく恒久的に環境を構築しておきましょう。

複数のプロジェクトを扱う場合、プロジェクトごとに別々のNodeバージョンを使い分ける必要が出てきます。その場合は、次項の単体でのNode.jsのインストールは読み飛ばし「複数のバージョンのNode.jsをインストールする」を参照してください。

3.4.2 最新版Node.jsをインストールする

次のURLより、各プラットフォームごとのインストーラパッケージが取得できます。

- https://nodejs.org/ja/download/

LTS版と最新版がありますが、サポートの長いLTS（Long Term Support）版の使用が推奨されています。特に最新の機能を使用しない限りはLTS版を選択しましょう。

インストールが完了すると、WindowsではPowerShellやコマンドプロンプト、Mac/Linuxではターミナルにてnodeとnpmコマンドが使用可能になります。次のように-vオプションを追加してバージョン番号が表示されれば成功です。

```
$ node -v Enter
v18.12.0 ⇒ nodeのバージョン
```

```
$ npm -v Enterキー
8.19.2 ⇒ npmのバージョン
```

3.4.3 複数のバージョンのNode.jsをインストールする

前述のインストーラではシステム上に1つのバージョンのNode.jsしか構築できません。Node.jsのバージョンは頻繁にアップデートされますので、随時最新版にアップグレードすればよいですが、場合によっては古いプロジェクトをメンテナンスする際に旧バージョンが必要であったり、最新の機能を使用するためベータ版のNode.js環境が必要になるケースもあるでしょう。

その場合は、NVM（Node Version Manager）やNodebrewといったNode.jsのバージョン管理システムを使用すれば、システム上に複数のバージョンを構築することが可能です。NVMもNodebrewもmacOSやLinux向けのパッケージが開発されていますが、Windows版はリリースされていません。ただ、NVMは有志によるWindowsパッケージが公開されていますので、ここではどのプラットフォームでも共通に使用できるNVMで説明を進めます。

macOS/LinuxへのNVMのインストール

NVMはGitHubにてオープンソースで開発されています。インストーラがbashによるシェルスクリプトとして公開されているので、次のコマンドでオンラインインストールが可能です。

```
$ curl -o- https://raw.githubusercontent.com/nvm-sh/nvm/v0.35.2/↩
install.sh | bash
$ wget -qO- https://raw.githubusercontent.com/nvm-sh/nvm/v0.35.2/↩
install.sh | bash
```

シェルスクリプトのインストーラでは必要な環境変数の設定なども自動で行ってくれるため、そのままnvmコマンドを使用可能です。次のコマンドでnvmコマンドが実行できればインストールは完了です。

```
$ nvm version Enter
v14.4.0
```

WindowsへのNVMのインストール

Windowsの場合は「Node Version Manager (nvm) for Windows」を使用します。公式ではないものの、GitHub上では多くのスター（評価）が得られており、コントリビューター（開発者）も多数参加しています。

- Node Version Manager (nvm) for Windows
  https://github.com/coreybutler/nvm-windows

NVM for Windowsはインストーラが存在しますので、次のURLからnvm-setup.zipのリンクをクリックしてダウンロードしてください。

- NVM for Windows ダウンロードページ
  https://github.com/coreybutler/nvm-windows/releases

zipファイルをダウンロードし、展開すると、nvm-setup.exeというファイルが存在しますので開いてインストールを実行してください。インストーラではインストール先ディレクトリやProgramFilesへのショートカット名を尋ねられますが、特に構成を変える理由がなければそのまま［Next］ボタンをクリックしてインストールを完了してください。

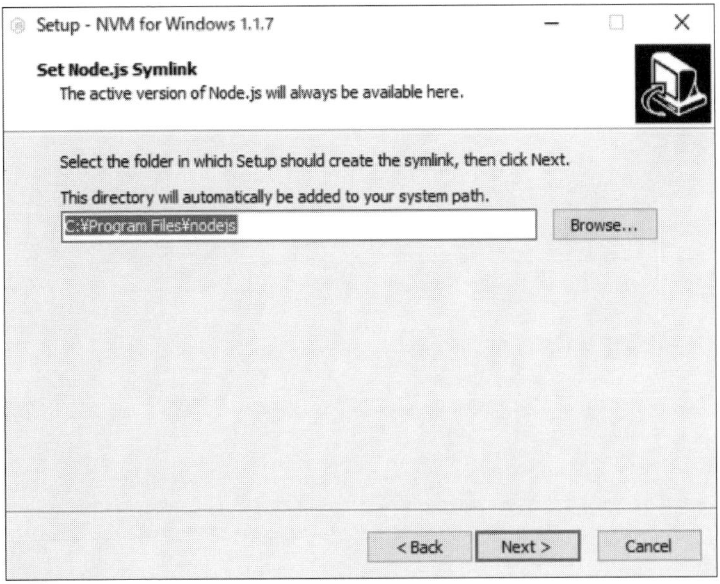

▲図3.5

インストールが完了したら、PowerShellやコマンドプロンプトを開き、次のコマンドを実行して、nvmコマンドが正しく実行できるか確認しておきましょう。

```
PS > nvm version Enter
1.1.7
```

nvm for Windowsのバージョンが表示されていればインストールは完了です。

3.4.4 NVMでインストール可能なNodeバージョンのリストを表示する

NVMでNode.jsをインストールする際にはバージョンを指定する必要があります。macOS/Linuxでは`ls-remote`オプションを指定すると、NVMにて扱えるNode.jsのバージョンをすべて表示できます。

```
$ nvm ls-remote Enter
        v0.1.14
        v0.1.15
        v0.1.16
        :
        :
       v14.15.5   (LTS: Fermium)
       v14.16.0   (LTS: Fermium)
       v14.16.1   (LTS: Fermium)
       v14.17.0   (Latest LTS: Fermium)
        v15.0.0
        v15.0.1
```

-ltsオプションを追加するとLTS版（長期サポート版）のみリスト表示できます。

```
$ nvm ls-remote --lts Enter
        :
        :
       v10.15.3   (LTS: Dubnium)
       v10.16.0   (LTS: Dubnium)
       v10.16.1   (LTS: Dubnium)
       v10.16.2   (LTS: Dubnium)
       v10.16.3   (LTS: Dubnium)
       v10.17.0   (Latest LTS: Dubnium)
       v12.13.0   (Latest LTS: Erbium)
```

Windowsでは、list availableオプションを指定することでバージョン一覧を表示できます。

```
PS > nvm list available Enter
|   CURRENT    |     LTS      |  OLD STABLE  | OLD UNSTABLE |
|--------------|--------------|--------------|--------------|
|    16.3.0    |   14.17.0    |   0.12.18    |   0.11.16    |
|    16.2.0    |   14.16.1    |   0.12.17    |   0.11.15    |
|    16.1.0    |   14.16.0    |   0.12.16    |   0.11.14    |
|    16.0.0    |   14.15.5    |   0.12.15    |   0.11.13    |
|   15.14.0    |   14.15.4    |   0.12.14    |   0.11.12    |
|   15.13.0    |   14.15.3    |   0.12.13    |   0.11.11    |
|   15.12.0    |   14.15.2    |   0.12.12    |   0.11.10    |
|   15.11.0    |   14.15.1    |   0.12.11    |    0.11.9    |
```

```
|   15.10.0    |   14.15.0    |   0.12.10    |   0.11.8    |
|    15.9.0    |   12.22.1    |    0.12.9    |   0.11.7    |
|    15.8.0    |   12.22.0    |    0.12.8    |   0.11.6    |
|    15.7.0    |   12.21.0    |    0.12.7    |   0.11.5    |
|    15.6.0    |   12.20.2    |    0.12.6    |   0.11.4    |
|    15.5.1    |   12.20.1    |    0.12.5    |   0.11.3    |
|    15.5.0    |   12.20.0    |    0.12.4    |   0.11.2    |
|    15.4.0    |   12.19.1    |    0.12.3    |   0.11.1    |
|    15.3.0    |   12.19.0    |    0.12.2    |   0.11.0    |
|    15.2.1    |   12.18.4    |    0.12.1    |   0.9.12    |
|    15.2.0    |   12.18.3    |    0.12.0    |   0.9.11    |
|    15.1.0    |   12.18.2    |   0.10.48    |   0.9.10    |

This is a partial list. For a complete list, visit https://nodejs.org/⏎
download/release
```

3.4.5 NVMでNodeのバージョンをインストールする

バージョン一覧から目当てのバージョンが見つかれば、そのバージョン番号をinstallコマンドに渡しインストールします。

```
$ nvm install 14.17.0 Enter
Downloading and installing node v14.17.0...
Downloading https://nodejs.org/dist/v14.17.0/node-v14.17.0-darwin-x64.⏎
tar.xz...
########################################################################⏎
### 100.0%
Computing checksum with shasum -a 256
Checksums matched!
Now using node v14.17.0 (npm v6.14.13)
```

コマンドの実行が正常に終了したらnodeコマンドを実行してバージョンを確認し、指定したバージョンが表示されるか確認しておきましょう。

```
$ node -v
v14.17.0
```

また、複数のバージョンをインストールした場合に任意のバージョンへ切り替えたい場合はuseオプションを使用します。

```
$ nvm use 14.16.0 Enter
Now using node v14.16.0 (npm v6.14.11)
```

nvmコマンドはこのようにバージョンを細かく指定してNode環境を切り替える目的で使用します。一度インストールしたNodeバージョンはシステムに保持されるので、必要なときにすぐにバージョンを切り替えることが可能になります。

なお、プロジェクトによってはnpmのバージョンを固定化し、プロジェクトメンバー間でバージョンを明示的にしておきたい、といった運用もあることでしょう。その場合は、プロジェクトのルートディレクトリに、.nvmrcという名前のファイルの中にバージョン番号を書いておくことで、`nvm install`と`nvm use`コマンドで手元のNode環境をそろえることができます。プロジェクトごとにNodeのバージョンが違う場合などで指定しておくとよいでしょう。複数人のチーム開発でなくてもプロジェクトごとにNodeの環境が違う場合などの備忘録としても役に立つでしょう。

例）フォルダ配下のNode環境を14.17.0に固定する

.nvmrcに次の1行を記述します。

```
14.17.0
```

nvmコマンドを実行します。

```
$ nvm install
$ nvm use
```

Nodeのバージョン体系はセマンティックバージョニングという形式を採用しており、メジャーバージョン、マイナーバージョン、パッチバージョンをピリオド区切りで表現します。このメジャーバージョンはバージョンごとにコードネームが命名されていますので、コードネームで指定されたメジャーバージョンの最新LTSバージョンを指定することができます。たとえば、Nodeのバージョン14.xのコードネームはfermiumですので、各コマンドでは次のように指定します。

コードネームを指定してインストール

```
$ nvm install lts/fermium Enter
```

```
Downloading and installing node v14.17.0...
Downloading https://nodejs.org/dist/v14.17.0/node-v14.17.0-darwin-x64.tar.xz...
############################################################################ 100.0%
Computing checksum with shasum -a 256
Checksums matched!
Now using node v14.17.0 (npm v6.14.13)
```


コードネームを指定してバージョン切り替え

```
$ nvm use lts/fermium Enter
Now using node v14.17.0 (npm v6.14.13)
```

同様に.nvmrcファイルにもコードネームでバージョンを指定可能です。.nvmrcに次の1行を記述します。

```
lts/fermium
```

Nodeのバージョンは頻繁に上がっていくので、常に最新バージョンの番号を確認するのは手間になります。コードネームで指定したほうが、メジャーバージョンは固定しつつもマイナーバージョンをいちいち変更する必要もなくなるので、マイナーバージョンで固定したり、LTS版ではないバージョンで固定する必要がなければ、コードネームで指定したほうが管理は楽になるでしょう。

3.4.6 Vue-CLIをインストールする

Node環境の構築が整えばようやくVue-CLIのインストールが可能になります。Vue-CLIはNode環境に同梱されたnpmコマンドを使用してインストールします。Vue-CLIの機能の実体は、コマンドプロンプトやターミナルから使用できるvueコマンドに集約されていますので、システム全体で使用できるよう、-gオプションでグローバルインストールを指定しましょう。

```
$ npm install -g @vue/cli
```

インストール後、次のvueコマンドでバージョンが表記されれば成功です。

```
$ vue --version Enter
@vue/cli 4.5.13
```

3.4.7 CUIでVue.jsプロジェクトを作成する

Vue-CLIをインストールすると、vueコマンドによって、CUI（Character User Interface）での対話的ツールでVue.jsの初期プロジェクト構成を構築できます。ここでは例として、pocket-referenceという名前のVueアプリケーションを構築してみましょう。vueコマンドにcreateオプションのあとにアプリケーション名を指定します。

```
$ vue create pocket-reference Enter
Vue CLI v4.5.15
┌─────────────────────────────────────────┐
│                                         │
│   New version available 4.5.15 → 5.0.8  │
│                                         │
└─────────────────────────────────────────┘

? Please pick a preset: (Use arrow keys)
❯ sample ([Vue 3] babel, eslint)
  vue2 ([Vue 2] babel, eslint)
  Default ([Vue 2] babel, eslint)
  Default (Vue 3) ([Vue 3] babel, eslint)
  Manually select features
```

この実行結果では、まずあらかじめ用意されたプリセットの選択を求められています。Vue 2ベースとするか、Vue 3ベースとするか、細かく指定してセットアップか、など細かく選択することができます。ここではVue 3環境を指定します。左側にある「❯」の文字がカーソルとなっているので上下キーで選択して Enter キーで決定します。あとはvueコマンドが必要なパッケージをインストールしてくれますので、次のようなメッセージが表示されたら完了です。

```
? Please pick a preset: sample ([Vue 3] babel, eslint)


Vue CLI v4.5.15
```

```
✨  Creating project in /Users/qnote/hello-world.
🗃  Initializing git repository...
⚙  Installing CLI plugins. This might take a while...


added 1303 packages in 51s
🚀  Invoking generators...
📦  Installing additional dependencies...


added 71 packages in 3s
⚓  Running completion hooks...

📄  Generating README.md...

🎉  Successfully created project hello-world.
👉  Get started with the following commands:

 $ cd hello-world
 $ npm run serve
```

作成されたファイルやフォルダは**図3.6**のような構成になります。

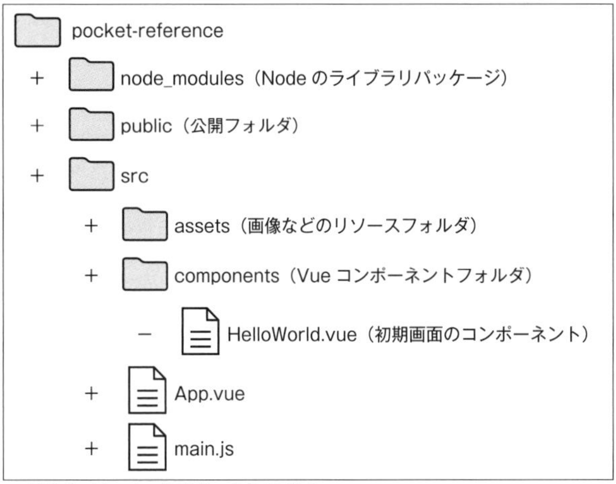

▲図3.6　Vue.jsプロジェクトの構成

では、作成されたフォルダに移動して、npm run serveコマンドでアプリケーションを実行してみましょう。

```
$ cd pocket-reference Enter
$ npm run serve Enter
 :
 :
  DONE  Compiled successfully in 40ms

  App running at:
  - Local:   http://localhost:8080/
  - Network: http://192.168.0.228:8080/
```

npm run serveコマンドの実行は、Vueクラスをトランスパイルするだけでなく、開発用にNodeのWebサーバも立ち上げます。これによってローカルにWebサーバを構築しなくてもブラウザで動作確認が可能になります。実行結果に表示されたURLをブラウザでアクセスしてみましょう。**図3.7**のような画面が表示されれば成功です。

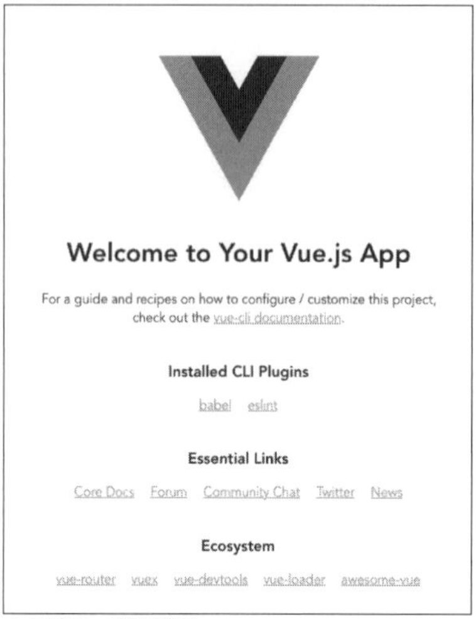

▲ 図3.7 実行結果

終了する場合は、キーボードのCtrlキーを押しながらCを押して強制終了してください。

3.4.8 GUIでVue.jsプロジェクトを作成する

前述ではコマンドラインでのアプリケーション構築を紹介しましたが、Vue-CLIではブラウザベースのGUIでアプリケーション環境の構築も可能です。vueコマンドにuiオプションを付与して実行してみましょう。

```
$ vue ui Enter
🚀  Starting GUI...
🌠  Ready on http://localhost:8001
```

この実行結果と同時にデフォルトブラウザが起動し、**図3.8**のような「Vueプロジェクトマネージャ」の画面が表示されます。

▲図3.8 Vue プロジェクトマネージャ

この時点ではまだプロジェクトが存在しないためプロジェクト一覧には何も表示されていません。それでは上部のメニューにある［+作成］をクリックしてみましょう。

▲図3.9　プロジェクトファイル画面

プロジェクトファイル画面が表示されるので、画面下部にある［ここに新しいプロジェクトを作成する］ボタンをクリックします。

▲図3.10　プロジェクト作成画面

プロジェクト作成画面が表示されるので［プロジェクトフォルダ］にプロジェクト名称を入力し、［次へ］ボタンをクリックします。

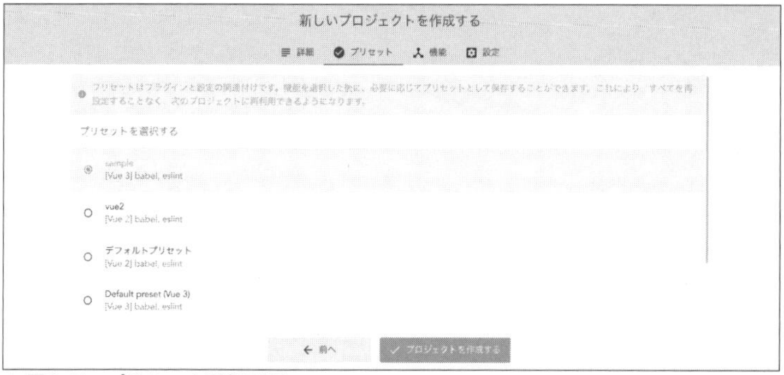

▲図3.11　プリセット選択画面

Vue-CLIと同様にプリセットの選択が表示されます。ここでは［sample］を選択し、［プロジェクトの作成する］ボタンをクリックして完了です。**図3.12**のようなプロジェクトダッシュボード画面が表示されればプロジェクトの作成は成功です。

▲図3.12　プロジェクトダッシュボード

生成されたプロジェクトファイルの構成や中身は、前述の`vue create`コマンドを使用したものと変わりはありませんが、GUIのほうがクリックベースでパッケージを追加したり視覚的に情報を把握しやすいため、`npm`

コマンドでのパッケージ追加などに慣れていない方は最初はGUIで進めたほうがスムーズにアプリケーションを構築できるでしょう。

3.4.9 Viteによる環境構築

Viteは Vue開発者であるEvan You氏が開発したVueのビルドツールで、フランス語で「速い」を意味するViteという名前のとおり非常に高速なことが大きな特徴です。Viteはノーバンドルツールなため初回起動が速く、またHMR (Hot Module Replacement) を導入しているため再描画することなく瞬時に変更が反映されるのでストレスレスに開発ができます。ちなみに読み方は「ヴィート」(発音記号 [vit])です。

▲図3.13　Vite

さっそくインストールしてみましょう。Viteを使用するためにはNode.js 14.6以上が必要なので、NodeのインストールやNVMの使い方の項を参考に適宜バージョンアップしてください。

```
$ npm create vite@latest
```

次にこの表示が出たら「y (yes)」と入力してください。create-viteは素早くプロジェクトを立ち上げるためのツールです。

```
$ npm create vite@latest
Need to install the following packages:
  create-vite@latest
Ok to proceed? (y) y
```

上記のコマンドを入力するとプロジェクト名入力の表示が出ます。プロジェクト名がデフォルトで「vite-project」となっているのでそのまま進めましょう。

```
? Project name: › vite-project
```

フレームワーク選択の表示が出るのでvueを選択します。選択肢を見るとわかるとおり、ViteはVueだけでなくVanilla（素のJavaScript）やReact、近年注目を集めているSvelteなども使えます。


```
? Select a framework: › - Use arrow-keys. Return to submit.
    vanilla
❯   vue
    react
    preact
    lit
    svelte
```

続いてvueかvue-tsかを選択する表示が出ます。今回はvueを選択しています。

```
? Select a variant: › - Use arrow-keys. Return to submit.
❯   vue
    vue-ts
```

プロジェクトのインストールが完了すると次の表示が出るので、そのままコマンドを入力します。

```
Scaffolding project in /Users/qnote/vite-project...

Done. Now run:

  cd vite-project
  npm install
  npm run dev
```

立ち上げたらターミナルに表示されているアドレスにアクセスしてみましょう。Vue 3とViteが使える状態になっていることがわかります。

▲図3.14　実行結果

以上でインストールとプロジェクトの作成は完了ですが、Viteはインストールの時点でプロジェクト名やテンプレートを指定することもできるので、その方法も見ていきましょう。

プロジェクト名はsample、Vueのテンプレートで作成していきます。

npm 6.xの場合

```
$ npm create vite@latest sample --template vue
```

npm 7.xの場合

```
$ npm create vite@latest sample -- --template vue
```

その後は、先ほどと同じように言語選択とTypeScriptを使用するかを選択します。インストールが完了すると次の表示が出るのでコマンドを入力して立ち上げます。

```
Done. Now run:

  cd sample
  npm install
  npm run dev
```

図3.15のように表示されていれば成功です。

▲図3.15　実行結果

ViteもVue CLIのときと同様にビルドをしましょう。

```
$ npm run build
```

これでViteでVue 3を使って開発する環境が整いました。

3.5 Vue.jsデバッグツールを導入する

Vue.jsの開発に欠かせないツールの1つに、Vue Devtoolsというものがあります。Vue Devtoolsはデバッグ中の画面の状態をリアルタイムに解析できるツールで、複雑になりがちなコンポーネントの関係とリアクティブなデータを視覚的に把握しやすくするなど、Vue.jsの開発を強力にサポートします。

- Vue Devtools
  https://devtools.vuejs.org/

Vue DevtoolsはChromeとFirefox向けのブラウザエクステンション版と、ブラウザに依存しないスタンドアロン版の2種類が提供されていますが、後者はコード内にVue Devtoolsのデバッグコードを記述しなければならず、特別な理由がなければ前者のブラウザエクステンションを使用するのが望ましいでしょう。

Google Chromeをお使いの方は、Chromeウェブストアから、Firefoxをお使いの方は、Firefox Browser ADD-ONSのページからインストールしてください。いずれもクリック操作だけでインストール可能です。

- Chromeウェブストア：Vue.js devtools
  https://chrome.google.com/webstore/detail/vuejs-devtools/nhdogjmejiglipccpnnnanhbledajbpd
- Firefox Browser ADD-ON：Vue.js devtools
  https://addons.mozilla.org/ja/firefox/addon/vue-js-devtools/

3.5.1 Vue Devtoolsの使い方

ChromeもFirefoxも、Vue Devtoolsの使用方法は同じです。Vue.jsで開発しているアプリケーションの画面をブラウザで表示しているタイミングで、ブラウザのデベロッパーツールを開くだけです。Chromeでは［表示］メニュー→［開発/管理］→［デベロッパーツール］、Firefoxでは［ツール］メニュー→［ウェブ開発］→［開発ツールを表示］をクリックすることで画面上に表示できます。いずれもF12キーを押すことで表示／非表示を切り替えることも可能です。

開発ツールにはタブで機能が切り替えられ、Vue Devtoolsは［Vue］というタブに機能が集約されています。切り替えると**図3.16**のような画面が表示され、左側にコンポーネントを階層表示、右側に選択中のコンポーネントの`props`と`data`が表示されます。

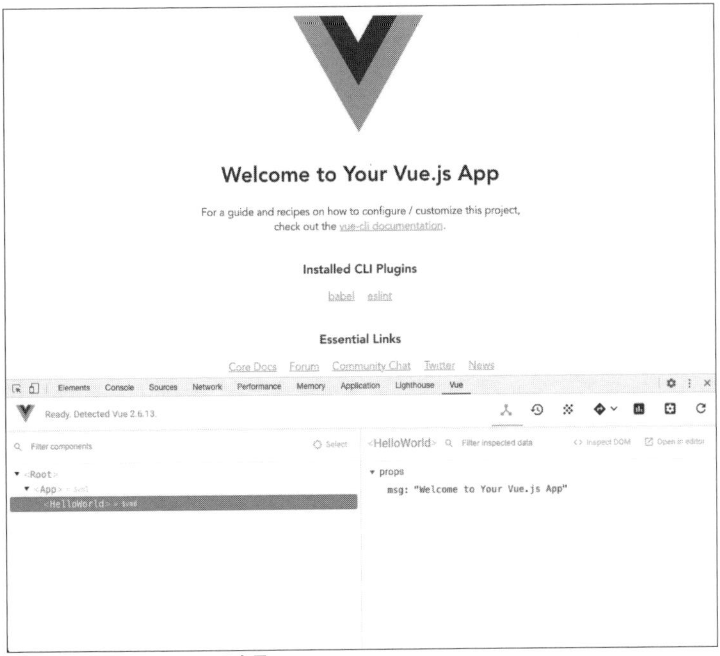

▲ 図3.16　Vue Devtoolsの表示

Vue DevtoolsではそのほかにVuexやVueRouterの状態や、発火したイベントの履歴など細かくチェックできますので、このあとの章の解説とともに状態を視覚的に把握し理解を高めてください。

COLUMN

Vueのコードネームはアニメから取っている

製品の開発中に、正式な名称とは別にその製品を指し示すためにつけられる名前をコードネームと言います。少し変わったコードネームをつけているところだと、CupcakeやDonutなどのお菓子名をつけているAndroidや、CheetahやPumaなどネコ科の動物名をつけているmacOSなどが挙げられますが、Vue.jsはアニメの名前からコードネームをつけています。

どれも日本人作者による有名な作品ばかりでかなり馴染み深いのではないでしょうか。ネット上では次のバージョンはどのアニメがコードネームとして採用されるのか？というのがちょっとした話題にもなっています。

▼Vueのコードネーム

リリース日	バージョン番号	コードネーム
2014/02/25	v.0.9.0	Animatrix（アニマトリックス）
2014/03/24	v.0.10.0	Blade Runner（ブレードランナー）
2014/11/07	v.0.11.0	Cowboy Bebop（カウボーイビバップ）
2015/06/13	v.0.12.0	Dragon Ball（ドラゴンボール）
2015/10/27	v.1.0.0	Evangelion（新世紀エヴァンゲリオン）
2016/10/01	v.2.0.0	Ghost in the Shell（攻殻機動隊）
2016/11/23	v.2.1.0	Hunter x Hunter（HUNTER × HUNTER）
2017/02/26	v.2.2.0	Initial D（頭文字D）
2017/04/27	v.2.3.0	JoJo's Bizarre Adventure（ジョジョの奇妙な冒険）
2017/07/13	v.2.4.0	Kill La Kill（キルラキル）
2017/10/13	v.2.5.0	Level E（レベルE）
2019/02/05	v.2.6.0	Macross（超時空要塞マクロス）
2020/09/19	v.3.0.0	One Piece（ワンピース）
2021/06/09	v.3.1.0	PLUTO（PLUTO）
2021/08/10	v.3.2.0	Quintessential Quintuplets（五等分の花嫁）
2022/07/01	v.2.7.0	Naruto（ナルト）

また、リリースノートを見てみるとv.2.4.0以前は劇中の登場人物の台詞も引用しています。Vue.jsの制作陣はコアな日本のアニメ好きなのかもしれません。次期バージョンのRは何が採用されるのかが気になるところです。

第4章

Vue.jsの基本的な使い方

4.1 インスタンスを作成する

Vueを使用したWebアプリケーションを起動するには、新たにVueインスタンスを作成します。

インスタンスとは、Vueアプリケーションの「実体」、つまりVueそのものを構成する単位です。また、インスタンスを作成する処理のことを「インスタンス化」と言います。

特に、createApp()コンストラクタによって作成されたVueインスタンスは「ルートVueインスタンス」と呼ばれ、この中にVueを動かす命令やデータなどを記述していくことによって、アプリケーションを構成していくことになります。ルートVueインスタンスの変数名は自由ですが、一般的に「app」や「vm」がよく使われます。

Vueインスタンスの作成時には、**オプション**としてさまざまな値を渡すことでVueの動作を操作できます。オプションはJavaScriptの「オブジェクト」の形式で指定します。詳しくは**第6章**で解説しますが、ここでは代表的なオプションをいくつか簡単に紹介しておきましょう。

■ 実行結果

```
import { createApp } from 'vue'

const app = createApp()
```

4.2 インスタンスをマウントする

Vueインスタンスを作成したら、それをマウントさせる必要があります。そのためには、mount()メソッドを使用します。

```
import { createApp } from 'vue'
import App from './App.vue'

const app = createApp(App)
  .mount('#app')
```

App.vue

```
<template>
  <div id="app">
  </div>
</template>
```

4.3 データを使用し、htmlに描画する

Vueインスタンスにデータプロパティを定義します。dataには文字列や配列、オブジェクトなどJavaScriptが持つすべてのデータ型のデータを指定できます。dataオプションで定義された変数をデータプロパティと呼び、HTMLや後述の算出プロパティやメソッドの中から使用可能です。

Vueインスタンスの作成時に定義したデータプロパティは「リアクティブ」化されます。つまりデータの更新に連動してビュー（表示）も更新されるようになります。

サンプルコード

```
<script setup>
const myCats = ['みけ', '茶トラ', 'ハチワレ']
</script>

<template>
  <div id="app">
  私の家には{{ myCats[0] }}と{{ myCats[1] }}と{{ myCats[2] }}の柄の猫がいます。
  </div>
</template>
```

■ 実行結果

4.4 算出プロパティを使用して、リアクティブにデータを加工する

computedは「算出プロパティ」と呼ばれ、実体は計算結果を返すJavaScript関数ですが、データプロパティのようにアクセスできます。計算結果はキャッシュされるので、計算に関わる（依存する）データに変更があれば即座に結果を返してくれます。次のサンプルではデータプロパティに変更がないためキャッシュの恩恵はありませんが、ほかのデータプロパティが頻繁に更新される際であっても、myCatsに変更がなければnumberOfCats内の計算は行われません。

サンプルコード

```
<script setup>
import { computed } from 'vue';

const myCats = ['みけ', '茶トラ', 'ハチワレ']

const numberOfCats = computed(() => {
  return myCats.length
}),
</script>
```

```
<template>
  <div id="app">
  私の家には{{ myCats[0] }}と{{ myCats[1] }}と{{ myCats[2] }}の柄の{{
numberOfCats }}匹の猫がいます。
  </div>
</template>
```

■実行結果

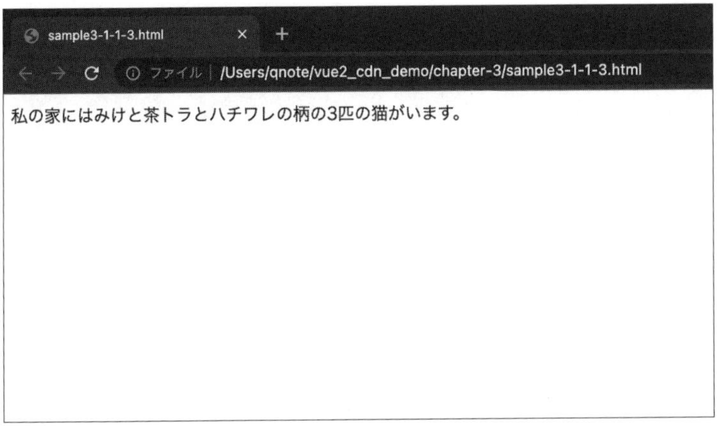

4.5 メソッドを使用する

Vueインスタンスにメソッドを追加します。computedとは異なり、メソッドの計算結果はキャッシュされず、呼び出されるごとに再計算が行われます。

サンプルコード

```
<script setup>
const myCats = ['みけ', '茶トラ', 'ハチワレ']

const numberOfCats = () => {
  return myCats.length
```

```
}
</script>

<template>
  <div id="app">
    私の家には{{ myCats[0] }}と{{ myCats[1] }}と{{ myCats[2] }}の柄の{↩
{ numberOfCats() }}匹の猫がいます。
  </div>
</template>
```

■実行結果

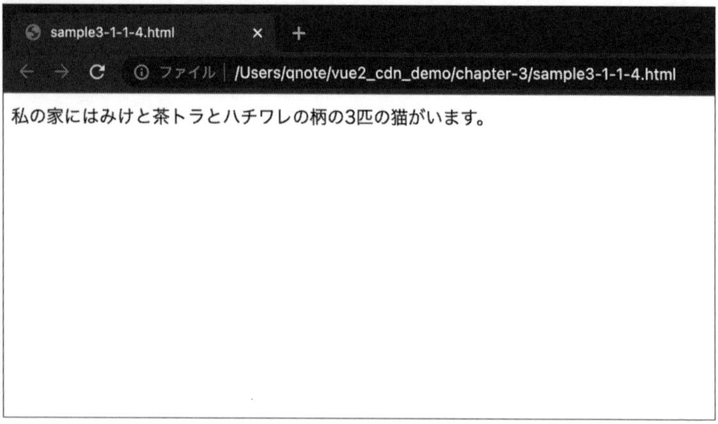

4.6 データをリアクティブに扱いたい

Vueの大きな特徴として、強力なリアクティブシステムを持っていることが挙げられます。

Vueは自身の持つデータを、リアクティブデータという特別なデータとして扱います。このデータが変更されたとき、VueはそれをDOMの更新を自動で行い、ページを再レンダリング（再描画）します。

このように、データの更新に応じて自動的に内容を同期するようなしくみを**データバインディング**と言います。それを可能にしているのがリアクティブデータを管理するしくみであるリアクティブシステムです。

4.6.1 リアクティブデータの登録

Composition APIでは、`reactive()`または`ref()`プロパティを使用することで、リアクティブとなったデータが変更されると、Vueは再レンダリングされます。これがVueの特徴であるリアクティブシステムの基本的な動きです。

サンプルコード

```
<script setup>
import { reactive } from 'vue';
const state = reactive({
  message: 'はじめまして！'
})
</script>

<template>
  <div id="app">
    {{ state.message }}
  </div>
</template>
```

■実行結果

`message`プロパティをリアクティブシステムに追加しており、リアクティブになったプロパティはVueインスタンスのプロパティとして取得できます。

```
<script setup>
import { reactive } from 'vue';

const state = reactive({
  message: 'はじめまして！'
})

state.message = 'こんにちは！'
</script>
```

■実行結果

もととなった`message`プロパティの値を変更しています。するとVueインスタンスのプロパティの値も更新されています。

4.7 HTMLを動的に表示したい（テンプレート）

Vueの中で使用されるHTML（たとえば`el`オプションでマウントされたDOM要素の内側のHTML）は**テンプレート**と呼ばれ、Vueの機能が使用できるダイナミック（動的）なHTMLとなります。

テンプレートでは、リアクティブデータの展開や、DOMに対してさまざまな指示を与える`v-`で始まる特別な属性**ディレクティブ**の利用など、Vueのさまざまな機能を使用することができます。

ここではリアクティブデータの展開を行う**Mustache（マスタッシュ）構文**について紹介します。

Mustache（マスタッシュ）構文とは、{{}}二重中括弧を利用したテキスト展開構文のことで、{}（中括弧）が「ひげ（Mustache）」のように見えることからこの名前がついています。ディレクティブの詳細については**第6章**を参照してください。

書式

```
<span>{{ message }}</span>
```

サンプルコード

```
<script setup>
import { reactive } from 'vue';
const state = reactive({
  message: 'はじめまして！',
  isActive: true
})
</script>

<template>
  <div id="app">
    {{ state.message }}
  </div>
</template>
```

■実行結果

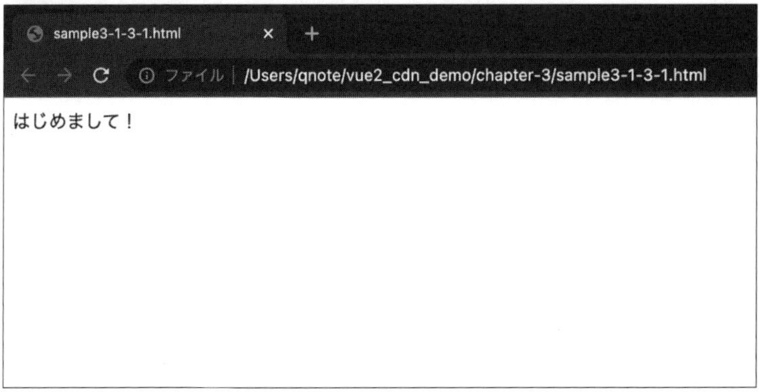

```
// リアクティブデータを更新
state.message = 'メッセージを書き換えるよ！'
```

■実行結果

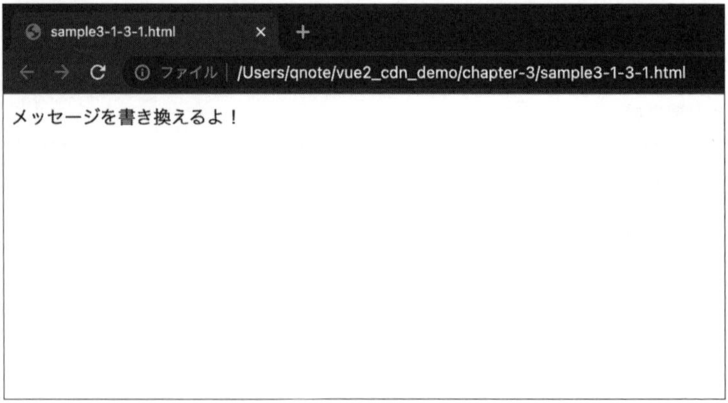

JavaScriptの式を記述した場合は、式の結果に応じて表示が変更されます。

```
<!-- JavaScript 式の使用 -->
<span>{{ state.isActive ? 'アクティブです！' : 'アクティブじゃない...' 
}}</span>
```

■実行結果

{{ }}括弧内ではVueインスタンスのリアクティブデータやJavaScriptの式を記述することができ、これらのデータや式は実行時にコンパイルされ展開されます。

リアクティブなデータを展開した場合、データの更新に応じてビューが書き換えられます。

4.8 算出プロパティで自動的に再計算する関数を作成したい

Mustacheやディレクティブを使用してテンプレート内にJavaScriptの式を記述できることは便利ですが、乱用するとテンプレートの可読性を損ないます。また、何度も同じ式を利用したい場合や単純な式では記述しづらい演算が必要な場合もあります。このような場合は、算出プロパティを利用しましょう。

computedオプションに、任意の値を返す関数を定義します。

4.8.1 computed

computedオプションに登録された関数は、Vueインスタンスが作成された際にインスタンスのプロパティとして定義されます。

よって、利用する際は関数ではなく、プロパティとして呼び出すことに注意しましょう。

書式

```
import { computed } from 'vue';

const calc = computed(() => {
  return val * 2
})
```

サンプルコード

```
<script setup>
import { computed, reactive } from 'vue';

const state = reactive({
  price: 100,
```

```
  taxRate: 1.1,
})

const taxIncludedPrice = computed(() => {
  return Math.round(state.price * state.taxRate)
})
</script>

<template>
  <div id="app">
    <p>税抜価格： {{ state.price }}円</p>
    <p>税込価格： {{ taxIncludedPrice }}円</p>
  </div>
</template>
```

■実行結果

computedは依存している値（例だとpriceとtaxRate）が変更されると、自動的に再計算され更新されます。

priceを変更してみましょう。

```
state.price = 200
```

すると画面表示は次のようになります。

■ 実行結果

4.9 算出プロパティとメソッドの違い

算出プロパティとメソッドは同じように関数として定義できるため、似ているように見えます。実際、同じ結果を返すメソッドを定義することも可能です。算出プロパティとメソッドの違いは、結果がキャッシュされるかどうかにあります。

算出プロパティは内包するリアクティブデータが更新されない限り再計算は行わず、キャッシュしていた前回の結果を即座に返します。それに対しメソッドは呼び出されるたびに関数を実行します。よって算出プロパティは必要最低限のコストで関数を実行できるメリットがあります。

ただし、リアクティブデータが更新されない限り前回の実行結果をそのまま返すので、リアクティブデータを含まない算出プロパティは二度と更新されることがないことに注意してください。

サンプルコード

```
<script setup>
const state = reactive({
  price: 100,
  taxRate: 1.1,
})
```

```
const taxIncludedPrice = () => {
  return Math.round(state.price * state.taxRate)
}
</script>

<template>
  <div id="app">
    <p>税抜価格：  {{ state.price }}円</p>
    <p>税込価格：  {{ taxIncludedPrice() }}円</p>
  </div>
</template>
```

たとえば次の例では、インスタンスが作成された時点の結果をキャッシュし、いつ呼び出しても結果が変わることはありません。

```
const now = computed(() => Date.now())
```

4.10 算出プロパティと監視プロパティの違い

後述の監視プロパティ（wtachプロパティ）との違いも見てみましょう。

監視プロパティを設定することで、指定のデータが更新されたことをトリガーに処理を実行することができます。

サンプルコード

試しに監視プロパティを用いて最初の例と同様の処理を記述してみましょう。

```
<script setup>
import { reactive, watch } from 'vue';

const state = reactive({
    price: 100,
    taxRate: 1.1,
    taxIncludedPrice: 110
})
```

```
watch(() => state.price, (newPrice) => {
  state.taxIncludedPrice = newPrice * state.taxRate
})
watch(() => state.taxRate, (newRate) => {
  state.taxIncludedPrice = state.price * newRate
})
</script>

<template>
  <div id="app">
    <p>税抜価格： {{ state.price }}円</p>
    <p>税込価格： {{ state.taxIncludedPrice }}円</p>
  </div>
</template>
```

どうでしょうか。この例では、算出プロパティを使用したほうがスッキリすると思います。

特性を理解し、必要に応じて使い分けるようにしましょう。

4.11 算出プロパティへの代入

算出プロパティはデフォルトでは呼び出しのみに対応しており、代入することはできません。しかし、setter関数（set）を設定することで代入された場合の処理を記述することもできます。そのとき、もとの呼び出された場合の処理はgetter関数（get）として記述します。

サンプルコード

setter関数は代入された値を引数として取得できます。

```
<script setup>
import { computed, reactive, watch } from 'vue';

const state = reactive({
  price: 100,
  taxRate: 1.1,
})
```

```
const taxIncludedPrice = computed({
  get: () => state.price * state.taxRate,
  set: val => {
    // 小数点切り上げで税抜価格を計算して代入
    state.price = Math.ceil(val / state.taxRate)
  }
})
</script>

<template>
  <div id="app">
    <p>税抜価格： {{ state.price }}円</p>
    <p>税込価格： {{ taxIncludedPrice }}円</p>
  </div>
</template>
```

4.12 値を動的に監視したい（watch）

watchを使えば、変更される値を動的に監視して、変更が発生した場合に特定の処理を実行させることができます。watchには、キーとして監視対象となる値の評価式を、値として監視対象が変更された場合に実行するコールバック（handler）を持つオブジェクトを渡します。キーとなる評価式では、監視対象のデータ名そのもののほかに、データオブジェクト内の特定プロパティを指定したり、複数のデータオブジェクトをまとめて指定したりすることもできます。

書式

```
import { watch } from 'vue';

watch(value, (newValue, preValue) => {
  console.log(newVal, oldVal)
})
```

サンプルコード

```
<script setup>
```

```
import { reactive, watch } from 'vue';

const state = reactive({
    text: 'Hello World!',
    newText: '',
    oldText: '',
})

watch(() => state.text, (newVal, oldVal) => {
  // 監視対象が変更された場合に行いたい処理
  state.newText = newVal
  state.oldText = oldVal
})

state.text = 'This is Vue.js!'
</script>

<template>
  <div id="app">
    <div>{{ state.newText }}</div>
    <div>{{ state.oldText }}</div>
  </div>
</template>
```


■ 実行結果

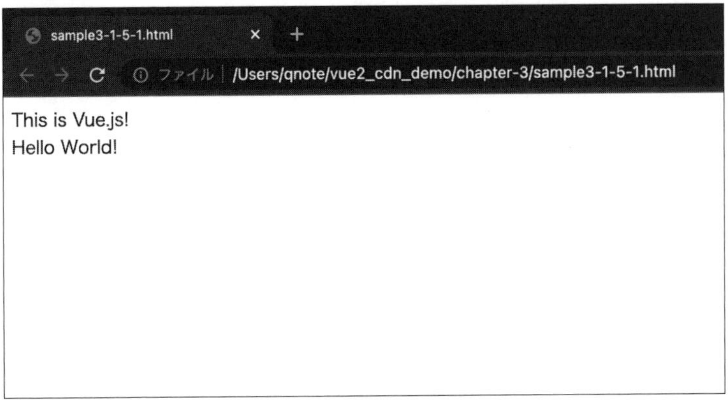

4.13 ウォッチャのプロパティ

ウォッチャには**表4.1**のプロパティを設定することができます。

▼表4.1 ウォッチャのプロパティ

オプション名	値	説明
handler	Function, String, Array, Object	オプションを使用する場合に定義するハンドラ
deep	Boolean	ネストしたオブジェクトを監視するかどうか
immediate	Boolean	初期読み込み時に実行するかどうか

handlerは、ウォッチャが値の変更を検知したときに実行される処理です。handlerプロパティはdeep, immediateといったオプションを使用する場合には明示的な定義が必要です。handlerオプションには、ハンドラ以外にもハンドラとして実行するメソッド名を示す文字列や、配列、オブジェクトを指定できます。deep, immediateオプションを使用しない場合はhandlerを省略して直接コールバックを記述できます。

deepオプションがtrueの場合、監視対象のオブジェクトのネストの深さにかかわらず、プロパティが変更されたらコールバックを実行します。immediateオプションがtrueの場合、初期化時点、つまりwatchが開始された時点でもコールバックを実行します。

サンプルコード

オブジェクトのプロパティが更新された際にも処理を行う

```
watch(
  () => state,
  (newVal, oldVal) => {
    ...,
  },
  {
    deep: true,
  },
)
```

オブジェクトの特定のプロパティを監視する

```
watch: {
  () => list.first,
  (newVal, oldVal) => { ... }
}
```

監視開始直後、即座に処理を行う

```
watch: {
  text: {
    handler(newVal, oldVal) { ... },
    immediate: true
  }
}
```

算出プロパティを監視する

```
target = () => computed({
  return a + b
})

watch(target, (newVal, OldVal) => {
  // a か b が更新されると実行される
  ...
}
```


4.14 インスタンス内に処理を組み込みたい（method）

Vueインスタンス内に組み込みたい処理は、「メソッド」を変数として定義することでアクセスできるようになります。

書式

```
const foo = () => {
  return 'message'
}
```

サンプルコード

```
const sayHello = () => {
```

```
  return 'Hello World!'
}

sayHello() // Hello World!
```

テンプレート内で使用することもできます。

```
<div id="app">
  <span>{{ sayHello() }}<span>
</div>
```

■ 実行結果

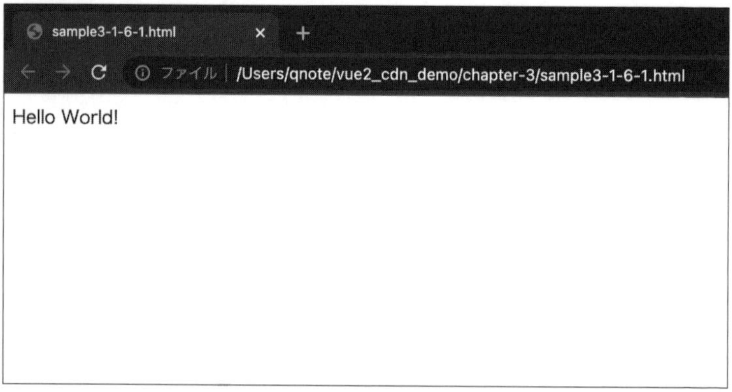

4.15 ライフサイクルフック

Vueインスタンスは、ライフサイクルと呼ばれるフローを持ち、インスタンスが作成されてから破棄されるまで、このフローに従って処理が実行されます。このライフサイクルの特定のタイミングで、カスタムな処理を実行することができ、これをライフサイクルフックと言います。

ライフサイクルフックは、ライフサイクルメソッドと呼ばれるオプションに処理を記述することで設定することができます。

ライフサイクルメソッドの代表的なものに、onMountedオプションがあります。これはインスタンスがマウントされた直後に呼び出されます。

サンプルコード

```
<script setup>
import { onMounted } from 'vue';

onMounted(
  () => console.log('mounted!')
)
</script>
```


そのほかのライフサイクルメソッドについては**6.29節**で詳しく解説しています。

COLUMN

より手軽にVueを使いたい

Vue.jsはネイティブのJavaScriptより簡潔に記述ができますが、静的なサイトに少しインタラクションを加えるだけなどVueを使うほどではない場面もあります。そんなときには「petite-vue」が便利です。Vueの生みの親であるEvan You氏が2021年7月に発表したもので、“petite”という名前のとおり通常のVueよりもさらにサイズが小さく軽量です。

petite-vueの特徴として仮想DOMではないDOMベースなことや、ビルドが不要でスクリプトタグに書き込むだけで使える点が挙げられます。petite-vueで使えない機能もありますが、通常のVueと大体使い方は同じなため、Vueをすでに使っている人にとっては馴染みやすいでしょう。下記のサンプルコードのように、Vueにはないv-scopeというディレクティブで特定の部分を囲むことで、その部分をpetite-vueで制御することができます。

```
<script src="https://unpkg.com/petite-vue" defer init></script>

<div v-scope="{ count: 0 }">
  {{ count }}
  <button @click="count++">inc</button>
</div>
```

第 5 章

コンポーネントの基本

5.1 部品ごとにVueインスタンスを分けたい

開発が進んでアプリケーションが大きくなってきたとき、ルートVueインスタンスだけで管理をしていると、オプションやテンプレートの中身が増大し、可読性が悪くなったり1つの変更の影響が大きくなったりと、不都合なことが発生してきます。

そんなとき、アプリケーションの部品（たとえばヘッダーやメニュー）ごとにVueインスタンスを分けて管理できるようにするしくみがVueには備わっています。それが**コンポーネント**です。**コンポーネント**とは、ルートVueインスタンス内で使用することができる名前付きの再利用可能なVueインスタンスです。

コンポーネントはそれぞれが独立していて、コンポーネント内で定義されたオプションや変数は基本的にそのコンポーネント内でしか使用できません（この変数が有効な範囲を**スコープ**と言います）。

またコンポーネントは任意の場所でインスタンス化できるので、同じコンポーネントを複数使用したり、再利用したりすることも可能です。再利用できることによって、プログラミングの重要な原則の1つである**DRY原則（Don't repeat yourself：繰り返すな）**に沿った設計を実現し、1箇所の変更ですべてのコンポーネントが修正できるといったメリットも得ることができます。

アプリケーションを作成するうえで、「これ、分解できるな」と思ったら、積極的にコンポーネント化していきましょう！

5.2 コンポーネントの登録

コンポーネントを使用するには、登録を行う必要があります。登録方法には、グローバルとローカルの2種類があります。

5.3 グローバルコンポーネント

コンポーネントをグローバルに登録すると、コンポーネントを含むすべてのVueインスタンスで使用することができます。グローバルに登録するには、`Vue.component`を使用します。第1引数に任意のコンポーネント名、第2引数にオプションオブジェクトを指定します。

書式

```
const app = createApp({})

app.component('my-component', {
  // オプション
})
```


5.4 ローカルコンポーネントのインポートと使用

`script setup`の場合、そのインスタンス内でのみ使用したいコンポーネントをインポートすることで使用することができます。指定するオブジェクトには、キーにコンポーネントの名前、値にコンポーネントのオプションを定義します。すべての箇所で使用する汎用的なコンポーネントでない限りは、より管理がしやすいローカルへの登録が一般的です。

コンポーネントを使用するには、テンプレート内でコンポーネント名をカスタムタグとして記述します。

書式

```
<script setup>
import MyComponent from './components/myComponent.vue'
</script>

<template>
  <MyComponent />
</template>
```

■実行結果

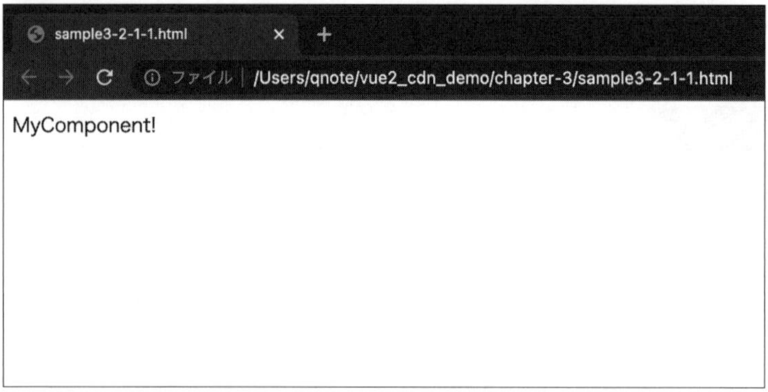

5.5 コンポーネントの親子関係

コンポーネントがルートインスタンス、または別のコンポーネントで使用されたとき、使用される側を子ども、使用する側を親として関係付けることができます（以降は、わかりやすくするために**親コンポーネント**、**子コンポーネント**と呼ぶことにします）。

先ほど、コンポーネント内のデータはスコープの内側でしか使用できないというお話をしました。つまり親コンポーネントのデータは、親コンポーネントでしか使用できないということです。

しかし場合によっては親コンポーネントのデータを、子コンポーネントで使用したい！といった場面も出てくることでしょう。そこでVueでは親子コンポーネント間でデータのやりとりをする方法として、`props`と`emit`を使った方法が提供されています（**図5.1**）。

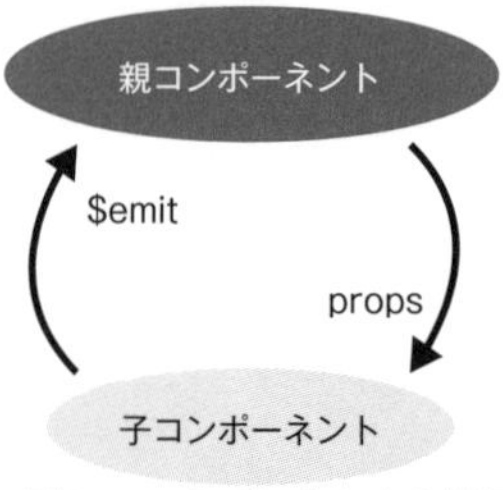

▲図5.1　コンポーネントの親子関係

5.5.1 親から子へデータを渡す

親から子へデータを渡すには、親コンポーネントから属性でデータを渡し、子でpropsとして受け取ります。propsについては**5.6節**で詳しく見ていきます。

5.5.2 子から親へデータを渡す

子から親のデータを変更したい場合は少し複雑で、子コンポーネントでemitメソッドを使用してイベントを発火し、親コンポーネントでそれを検知して親コンポーネント内の処理を実行することが必要です。emitについては**5.7節**で詳しく見ていきます。

5.6 親から子へデータを渡したい（props）

親から子へデータを渡すには、親コンポーネントのテンプレートで子コンポーネントを呼び出すとき、カスタム属性を指定してデータを持たせます。

子のコンポーネントでは親から受け取る属性をdefinePropsに指定します。

サンプルコード

```
<!-- 親コンポーネントのテンプレート -->
<child-component title="Child Component!" />
<script setup>
// 子のコンポーネントのインスタンス
const props = defineProps({
  title: {
    type: String,
    required: true,
  },
})
</script>

<template>
  <h1>{{ props.title }}</h1>
</template>
```

上記の例だと、template内でtitleが使用できることがわかりますね。

5.6.1 リアクティブなprops

propsはリアクティブデータとして登録されるので、値が変更されれば再描画されます。

propsをリアクティブなデータとして扱いたいときは、親コンポーネントでv-bindを使用します。リアクティブな状態のpropsは、親側でデータが更新されると子側のデータも更新されます。

サンプルコード

```
<!-- 親コンポーネントのテンプレート -->
<ChildComponent v-bind:title="childTitle" />
```

5.6.2 propsは書き換えしてはいけない

propsは**子コンポーネントから書き換えてはいけません！** propsは常に親から子への一方通行で渡されるべきである、というルールがVueで定められているからです。

常に片側からのデータを使用するこのしくみは**単方向データバインディング**と言います。子側でpropsのデータに変化を加えたい場合は、dataに渡すか、computedに別途定義するようにしましょう。

サンプルコード

```
<script setup>
const props = defineProps({
  title: {
    type: String,
    required: true,
  },
})
// vue の warn が発生します
props.title = '子から上書き！'
</script>
<script setup>
import { computed } from 'vue';

const props = defineProps({
```

```
  title: {
    type: String,
    required: true,
  },
})

computedTitle = computed(() => `親から渡されたタイトルは ${props.title
} です`)
</script>
```


子側からpropsの値を書き換えたいときは、次の節で紹介するemitを使用します。

5.6.3 より深く知る

propsではtype, required, default, validatorを設定できます。それぞれの役割は**表5.1**のとおりです。

▼表5.1　各プロパティの役割

プロパティ	内容
type	型を指定し、親から渡されたデータが指定された型と一致するかどうかチェックする。String, Number, Array, Object, Date, Function, Boolean, Symbolを受け付ける
required	当該データが必須かどうかを指定する。trueなら必須、falseなら必須ではない
default	デフォルトの値を指定する。親からデータが渡されていない場合にこのデータを使用する
validator	渡される値についてより詳細に検証する

サンプルコード

App.vue

```
<template>
  <HelloWorld title="Vue 3"/>
</template>
```

HelloWorld.vue

```
<script setup>
const props = defineProps({
  title: {    //属性名
    type: String,    //型を指定
```

```
      required: true,  //必須かどうか指定
      default: 'Vue3',  //デフォルトの値を指定
      validator: value => {  //propsの値を以下のいずれかの文字列に限定する
        return ['Vue3', 'Vue.js', 'Reference'].includes(value)
      }
    }
  },
})
</script>

<template>
  <p>{{ title }}</p>
</template>
```

上記のサンプルコードではVue3, Vue.js, Referenceのいずれかだけが入るように指定しています。試しに指定したもの以外の単語を入力してみるとコンソールに警告が出ていることがわかるでしょう。

5.7 子から親のイベントを発火したい(emit)

子から親へデータを渡したり、何かしらの変更を伝えたいときは、次の順番で処理を記述します。

1. 子コンポーネントでemitを使用してイベントを発火する
2. 親コンポーネントで、子のカスタムタグにv-onを使用して受け取るイベント名と処理を指定する

書式

```
function = () => {
  emit('emit-event')
}
```

サンプルコード

```
<script setup>
// 1. 子のコンポーネント
const emit = defineEmits(['child-event'])
```

```
const onClickButton = () => {
  emit('child-event')
}
</script>

<template>
  <button v-on:click="onClickButton">イベントを起こす</button>
</template>
```



```
<!-- 2. 親のコンポーネント -->
<ChildComponent v-on:child-event="++count" />
```

子コンポーネントのボタンをクリックすると、親のコンポーネントのcountが1つずつ増えていくようなイベントを定義しました。

5.7.1 子コンポーネントの処理

子コンポーネントで使用されているemitは、インスタンスメソッドと呼ばれるもので、Vueインスタンス内からであればdefineEmits()で呼び出すことができます。

defineEmits()に配列で発火させたいイベント名を指定します。このイベントは子コンポーネントの**カスタムイベント**と呼ばれ、後ほど子を呼び出す親側で使用します。

イベントを呼び出す場合は、第1引数にイベント名を指定し、第2引数に使用したい値を指定します。親のコンポーネントに渡したい値があるときは、ここに指定することができます。

サンプルコード

```
const onClickButton = () => {
  // 親に 1 を渡す
  emit('child-event', 1)
}
```

5.7.2 親コンポーネントの処理

子コンポーネントで先ほどカスタムイベントを設定しました。親側では、子のカスタムイベントを購読する設定をし、子のemitによってカスタムイベントが発火されたときの処理を設定します。

サンプルコード

子のカスタムイベントchild-eventをv-onによって購読し、イベントが発火されたらカウントに+1するような処理が設定されています。

```
<ChildComponent v-on:child-event="count + 1" />
```

子のemitの第2引数で渡された値を親側でメソッドの引数として受け取ることができます。

```
<script setup>
import { ref } from 'vue';
import ChildComponent from './components/ChildComponent.vue'

const count = ref(0)
const updateCount = (add) => {
  count.value = count.value + add
}
</script>

<template>
  <div id="app">
    <ChildComponent v-on:child-event="updateCount" />
  </div>
</template>
```

以上がコンポーネント間のやりとりの基本となります。

5.7.3 より深く知る

このほかにもコンポーネント間のやりとりにv-modelディレクティブを使用する方法もありますが、それについてはmodelのページ（**6.6節**）で詳しく解説します。

5.8 親から子へテンプレートを差し込みたい（slot）

スロットは、親コンポーネントから子コンポーネントへテンプレートを差し込むことができる機能です。子コンポーネントの表示内容を親コンポーネントから指定することができるため、より汎用性が高く再利用がしやすくなります。

5.8.1 スロットの基本的な使い方

サンプルコード

スロットの基本的な使い方を紹介します。

子コンポーネントのテンプレートで、スロットとして差し込みたい部分に<slot>タグを記述します。

```
<div class="child">
  <slot></slot>
</div>
```

次に、親コンポーネントのテンプレートで、子コンポーネントを呼び出しているカスタムタグの内側に、スロットとして差し込むコンテンツを記述します。

```
<div class="parent">
  <child>
    slot contents from parent!
  </child>
</div>
```

これでスロットの指定が完了しました。実際の描画は以下のようになります。

```
<div class="parent">
  <div class="child">
    slot contents from parent!
  </div>
```

```
</div>
```

簡単に子コンポーネントを親コンポーネントからカスタマイズすることができました。

さらに、親コンポーネントからスロットコンテンツが提供されなかった場合には、子コンポーネントのテンプレートの<slot>タグの内側に記述した内容が適用されます。デフォルトコンテンツとして設定することができ、親コンポーネントからスロットコンテンツが指定された場合はデフォルトコンテンツは描写されません。

```
<div class="child">
  <slot>
    slot contents from child!
  </slot>
</div>
```

```
<div class="parent">
  <child></child>
</div>
```

実際の描画は以下のようになります。

```
<div class="parent">
  <div class="child">
    slot contents from child!
  </div>
</div>
```

5.8.2 名前付きスロット

スロットを複数定義する場合は、スロットに名前をつける必要があります。スロット名は`<slot>`タグにname属性として定義することができます。なお、name属性のないスロットは暗黙的にdefaultという名前が与えられます。

サンプルコード

```
<div class="child">
  <slot name="header">
    slot contents from child-header!
  </slot>
  <slot>
    slot contents from child-default!
  </slot>
  <slot name="footer">
    slot contents from child-footer!
  </slot>
</div>
```


親コンポーネントからスロット名を指定するときは、v-slotディレクティブを使用します。v-slot:**スロット名**と記述することで定義することができます。v-slotはtemplateタグでのみ使用可能なディレクティブです（一部例外がありますが後ほど解説します）。

```
<div class="parent">
  <child>
    <template v-slot:header>
      slot contents from parent-header!
    </template>

    slot contents from parent-default!

    <template v-slot:footer>
      slot contents from parent-footer!
    </template>
  </child>
</div>
```

実際の描画は以下のようになります。

```
<div class="parent">
  <div class="child">
    slot contents from parent-header!
    slot contents from parent-default!
    slot contents from parent-footer!
  </div>
```

```
</div>
```

<template v-slot:**スロット名**>で囲まれていないコンテンツは暗黙的にdefaultスロットに対するコンテンツと認識されます。間に別のスロットを挟んでいても、すべて適用されます。明示的に<template v-slot:default>とすることも可能です。

```
<div class="parent">
  <child>
    slot contents from parent-default before header!
    <template v-slot:header>
      slot contents from parent-header!
    </template>
    slot contents from parent-default after header!
    <!-- footer には何も指定しない -->
  </child>
</div>
```

実際の描画は以下のようになります。

```
<div class="parent">
  <div class="child">
    slot contents from parent-header!
    slot contents from parent-default before header!
    slot contents from parent-default after header!
    slot contents from child-footer!
  </div>
</div>
```

動的なスロット名

サンプルコード

```
<div class="parent">
  <child>
    <template v-slot:[slotName]>
      ...
    </template>
  </child>
</div>
```

5.8.3 スロット内のデータスコープ

スロットコンテンツ内のデータは、コンテンツが記述されているファイルのスコープとなります。

次の事例では、childタグ内で表示される変数ですが親コンポーネント側のデータが適用されます。

サンプルコード

```
<div class="child">
  <slot></slot>
</div>
```

```
<div class="parent">
  <child>
    {{ parentData }}
  </child>
</div>
```

もう1つ事例を出します。予想がつくと思いますが、この場合は子コンポーネント側のデータが展開されます。

```
<div class="child">
  <slot>
    {{ childData }}
  </slot>
</div>
```

```
<div class="parent">
  <child></child>
</div>
```

しかし、ときには親コンポーネントから指定するスロットコンテンツで子コンポーネントのデータを使用したい場面もあるでしょう。その際は**スロットスコープ**を使用することで、子コンポーネントのデータを親コンポーネントで受け取ることができるようになります。

スロットスコープを使用するには、<slot>タグにv-bindディレクティブで使用したいデータをバインドします。

```
<div class="child">
  <slot v-bind:child-data="childData"></slot>
</div>
```

<slot>タグにバインドされた要素は**スロットプロパティ**呼ばれます。親コンポーネントではv-slotの値としてスロットプロパティを受け取ることができます。受け取るスロットプロパティには、任意の名前を設定できます。

```
<div class="parent">
  <child v-slot="slotProps">
    {{ slotProps.childData }}
  </child>
</div>
```

上記の例で、v-slotがtemplateタグで使用されていないことに気がつきましたでしょうか。名前付きスロットの項で一部例外があると言いましたが、これがその例外です。

デフォルトスロットのみを使用している場合は、コンポーネントタグに対してv-slotディレクティブを使用することができます。

名前付きスロットのスロットプロパティ

名前付きスロットを使用している場合は、コンポーネントタグに対してv-slotを使用することはできません。つまり、次の例は不正な記述となります。

```
<div class="parent">
  <child v-slot="slotProps">
    {{ slotProps.childData }}
    <template v-slot:header="headerSlotProps">
      {{ headerSlotProps.childData }}
    </template>
  </child>
</div>
```

次のような例は正しい記述となります。

```
<div class="parent">
```

```
  <child>
    <template v-slot:header="headerSlotProps">
      {{ headerSlotProps.childData }}
    </template>
    <template v-slot="slotProps">
      {{ slotProps.childData }}
    </template>
  </child>
</div>
```


スロットプロパティの分割代入

ES2015の分割代入をサポートしている環境では、特定のスロットプロパティを受け取ることもできます。必要なデータだけを取得できるため、よりすっきりと記述することができます。

サンプルコード

```
<div class="parent">
  <child v-slot="{ childData }">
    {{ childData }}
  </child>
</div>
```

次のように記述することで、好きな名前で分割代入されたプロパティを使用することもできます。

```
<div class="parent">
  <child v-slot="{ childData: child }">
    {{ child }}
  </child>
</div>
```

また、スロットプロパティが未定義だった場合の初期値も設定することができます。

```
<div class="parent">
  <child v-slot="{ childData = 'data from child!' }">
    {{ childData }}
  </child>
</div>
```

5.8.4 名前付きスロットの省略記法

名前付きスロットを使用している場合、v-slot: を#に置き換えることができます。

```
<div class="parent">
  <child>
    <template #header>
      slot contents from parent-header!
    </template>
  </child>
</div>
```

スロットプロパティを使用する場合にも使用できます。

```
<div class="parent">
  <child>
    <template #header="headerSlotProps">
      {{ headerSlotProps.childData }}
    </template>
  </child>
</div>
```

5.9 親から渡された属性をまとめて受け取りたい（attrs）

attrsは属性をまとめて渡すことができるプロパティです。Vue 2以前ではclassとstyleを除いた属性を渡すことができましたが、Vue 3からはclassとstyleを含むすべての属性を渡すことができるようになりました。

サンプルコード

App.vue

```
<script setup>
import HelloWorld from './components/HelloWorld.vue'
</script>
```

```
<template>
  <HelloWorld class="form" style="color: red" type="text" />
</template>
```

HelloWorld.vue

```
<script setup>
import { ref, useAttrs } from 'vue'

const inputText = ref('')

const attrs = useAttrs()

console.log(attrs.class) // -> from
console.log(attrs.style) // -> Object { color: "red" }
console.log(attrs.type)  // -> text
</script>

<template>
  <h1>Vue 3 TEST</h1>
  <p>{{ inputText }}</p>
  <input v-bind="attrs" v-model="inputText">
</template>
```

COLUMN

Vueのコミュニティ

Vue.jsを学習するうえでほかのVueユーザとつながったり、勉強会やカンファレンスに参加したいと思うことがあるでしょう。そこで今回はVueに関するコミュニティをご紹介します。

■ Vue.js日本ユーザーグループ

年に一度「Vue Fes Japan」というVueの生みの親であるEvan You氏も参加する大規模なカンファレンスを開催しています。定期的にVueのイベントも開催していて、現在では主にオンラインで勉強会が行われています。また、このコミュニティのSlackもあり、技術的な質問からVueの求人などさまざまな情報が得られる場となっています。

■ Vue forum

こちらは日本限定ではありませんが、日本やフランス、スペイン、中国など国ごとの質問をする場や全体のディスカッションの場が設けられています。

制作陣のSNS Vueを使っている方の中にはすでにフォローしている方も多いかもしれませんが、Evan You氏はTwitterでも日々Vueに関することもツイートしているので次期バージョンの情報などがいち早く得られるかもしれません。

流れの速いフロントエンドでは情報のキャッチアップが欠かせません。ぜひ今回ご紹介したコミュニティなどを活用してみてください。

第6章

リファレンス

6.1 属性を動的に変更したい（v-bind）

テキストのデータバインディングにはMustache {{ }}を使用しますが、HTML属性のデータバインディングにはv-bindディレクティブを使用します。これにより動的に属性値を変更することができます。

書式

```
<input v-bind:属性="変数値">
```

サンプルコード

```
<script setup>
import { ref } from 'vue'

const message = ref('Hello World!')
</script>

<template>
  <input type="text" v-bind:value="message">
</template>
<!-- エラーになるパターン -->
<input type="text" value="{{ message }}">
```

また、v-bind:は省略して:と記述することができます。

```
<input type="text" :value="message">
```

どちらの場合も実際の描画は次のようになります。

```
<input type="text" value="Hello World!">
```

v-bindで指定する値はMustacheと同じくJavaScriptの式となります。

```
<img :src="'/storage/images/' + fileName">
```

書式

```
<button v-bind:[変数]="変数値"></button>
```

サンプルコード

```
<script setup>
import { reactive } from 'vue'

const state = reactive({
  key: 'type',
  value: 'submit',
})
</script>

<template>
  <button v-bind:[state.key]="state.value">Push!</button>

  <!-- 省略記法 -->
  <button :[state.key]="state.value">Push!</button>
</template>
```

■ 実行結果

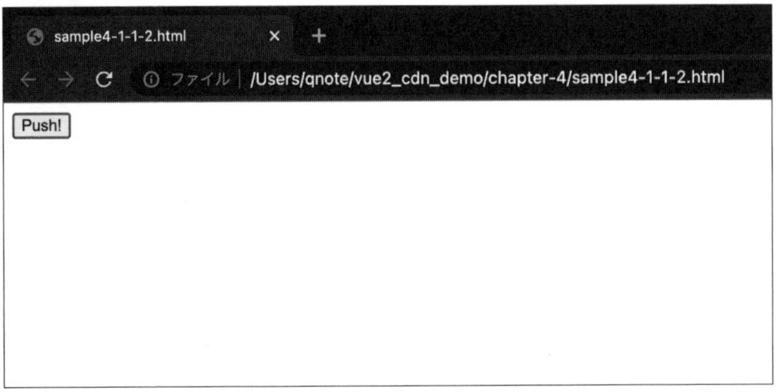

6.1.1 真偽値属性のデータバインディング

属性が単に存在していることでtrueを示す真偽値属性の場合は、バインディングされた値がtrueの場合に属性が要素に描画されます。null、undefined、またはfalseの場合、その要素には含まれません。

```
<script setup>
import { reactive } from 'vue'

const state = reactive({
  isRequired: true,
  isDisabled: false,
})
</script>

<template>
  <input type="text" :required="state.isRequired" :disabled="state.isDisabled">
</template>
```

■実行結果

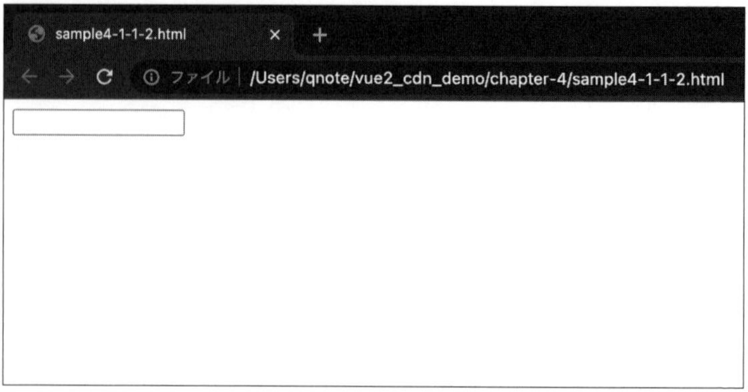

6.2 classとstyleの値を動的に変更する

class属性およびstyle属性へのデータバインディングでは、オブジェクトまたは配列を指定することで、クラス名やCSSプロパティを動的に指定することができます。

6.2.1 オブジェクト構文

v-bind:classにオブジェクトを渡す場合は、プロパティの値が真であるとき、そのプロパティ名がクラスとして描画されます。シングルクォーテーション（''）で囲むことにより、ハイフンを含むクラス名を指定できます。

v-bind:styleの場合はCSSを指定するように定義できます。プロパティ名をキャメルケース（camelCase）で指定した場合は、ケバブケース（kebab-case）で描画されます。

書式

```
<div id="app">
  <div v-bind:class="オブジェクト"></div>
</div>
```

サンプルコード

```
<script setup>
import { reactive } from 'vue'

const state = reactive({
  isActive: true,
  isText: false,
  styleColor: 'red',
  fontSize: 10,
})
</script>

<template>
  <div :class="{ active: state.isActive, 'text-class': state.isText }">hogehoge</div>
  <div :style="{ color: state.styleColor, fontSize: state.fontSize + 'px' }">fugafuga</div>
</template>
```

直接オブジェクトを渡すこともできます。

```
<script setup>
import { reactive } from 'vue'
```

```
const state = reactive({
  classObject: {
    active: true,
    'is-text': false,
  },
  styleObject: {
    color: 'red',
    fontSize: '10px',
  },
})
</script>

<template>
  <div :class="state.classObject">hogehoge</div>
  <div :style="state.styleObject">fugafuga</div>
</template
```

どちらの場合も同様に描画されます。

■実行結果

6.2.2 配列構文

`v-bind:class`に配列を渡す場合は、配列の要素にクラス名を指定します。配列構文の内部ではオブジェクト構文を使用することも可能です。

`v-bind:style`の場合は配列の要素にオブジェクトを指定します。複数のオブジェクトを適用することも可能です。

書式

```
<div v-bind:class="配列"></div>
```

サンプルコード

```
<script setup>
import { reactive } from 'vue'

const state = reactive({
  activeClass: 'active',
  isText: true,
  styleObject: {
    color: 'red',
    fontSize: '10px',
  },
})
</script>

<template>
  <div :class="[state.activeClass, { 'is-text': state.isText }]">hoge
hoge</div>

  <div :style="[{ fontFamily: 'sans-serif' }, state.styleObject]">fuga
fuga</div>
</template>
```

■ 実行結果

クラスを配列構文でバインディングする場合には、三項演算子を使用して条件に応じてクラスを切り替えることも可能です。

ただし三項演算子を多用すると可読性が落ちてしまいますので、その場合は算出プロパティ（**6.25節**）を使用するほうがよいでしょう。

```
<script setup>
import { computed, ref } from 'vue'

const isActive = ref(true)

const activeClass = computed(() => {
  return isActive.value ? 'active' : ''
})
</script>

<template>
  <div :class="[isActive.value ? 'active' : '']"></div>
  <div :class="[activeClass.value]"></div>
</template>
```

■実行結果

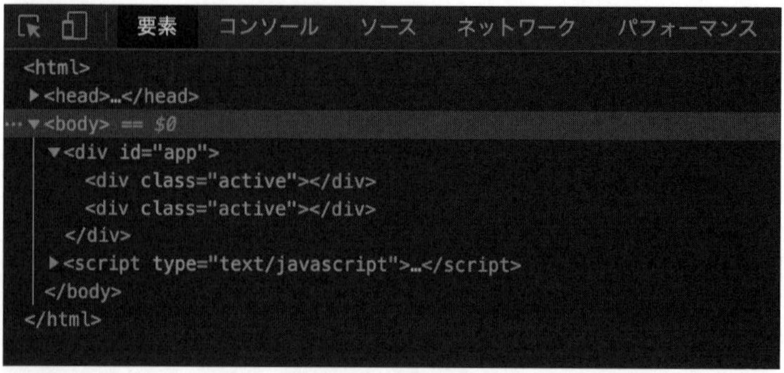

6.2.3 プレーン属性との併用

データバインディングをしていないプレーンな属性と併用した場合は、結果が上書き、またはマージされて描写されます。

```
<div id="app">
  <div class="active" :class="{ 'is-text': isText }">hogehoge</div>
  <div style="color:red" :style="{ color: 'blue' }">hogehoge</div>
</div>
```

■実行結果

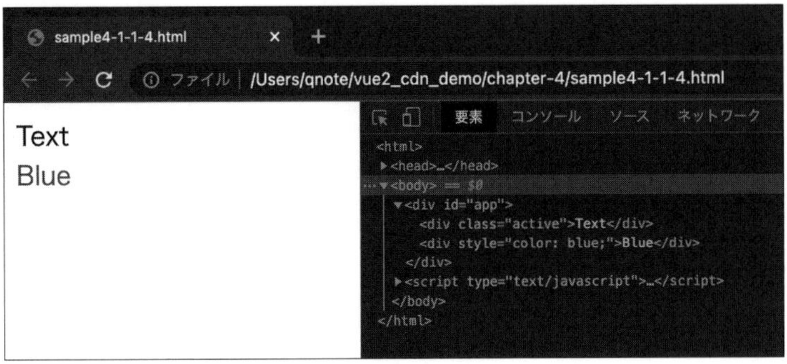

6.2.4 複数の属性へのデータバインディング

v-bindの引数部分を省略してオブジェクトを渡すことで、オブジェクトのプロパティ名をそのまま属性名として設定することができます。複数の属性へのバインディングを簡潔に記述することができるため、テンプレートの可読性を保つことができます。

```
<script setup>
const imgProps = {
  src: './image1.jpg',
  alt: '画像1',
  width: 200,
  height: 100
}
</script>

<template>
  <img v-bind="imgProps">
</template>
```

■ 実行結果

6.3 テンプレート内で条件分岐がしたい（v-if、v-show）

テンプレート内で条件分岐を行いたい場合は、v-ifおよびv-showディレクティブを使用します。どちらも指定された式がtrueのときのみ画面に表示されます。

```
<script setup>
const active = true
const disabled = false
</script>

<template>
  <div v-if="active">v-ifによる表示</div>
  <div v-show="active">v-showによる表示</div>

  <div v-if="disabled">v-ifによる表示</div>
  <div v-show="disabled">v-showによる表示</div>
<template>
```

■ 実行結果

6.3.1 v-if

渡された式がtrueの場合にのみ描写を行い、falseの場合には指定のブロックのDOMそのものを描写しません。

コンポーネントの場合は、インスタンスはfalseからtrueになるたびに初期化され、createdなどのライフサイクルフックも都度呼び出されます。

書式

```
<div v-if="変数値"></div>
```

サンプルコード

```
<div v-if="true"></div>
```

templateタグによる条件のグループ化

複数の要素を条件分岐に含めたい場合、templateタグを使用することでグループとしてまとめることができます。templateタグは非表示ラッパーとして機能するため、描写には含まれません。

```
<template v-if="isLoaded">
  <h1>タイトル</h1>
  <p>これはv-ifの要素です。</p>
  <p>templateを使用することでまとめて管理することができます。</p>
</template>
```

v-else と v-else-if

v-else と v-else-if は名前のとおり、else ブロックおよび else-if ブロックとして使用することができます。

v-else と v-else-if は、ともに v-if または v-else-if 要素の直後に指定しなければ機能しません。

```
<div v-if="status === 'OK'">OKです</div>
<div v-else-if="status === 'NG'">NGです</div>
<div v-else>なんとも言えないです</div>
```

key による再利用の制御

v-if および v-else で描写を切り替える際、内部に同じ要素を持つ場合は再利用されます。これはパフォーマンス向上につながりますが、ときには再利用せずに初期状態で描写したいこともあります。その際には要素に一意な key を指定することで、Vue に異なる要素と認識させ再利用を防ぐことができます。key は特殊な属性であり、実際の描画には含まれません。

```
<script setup>
const props = defineProps({
  inputType: {
    type: String,
    default: 'id',
  },
})
</script>

<template>
  <template v-if="props.inputType === 'id'">
    <label>ID</label>
    <input type="text" key="id-input">
  </template>
  <template v-else>
    <label>メールアドレス</label>
    <input type="text" key="mail-address">
  </template>
</template>
```

■実行結果

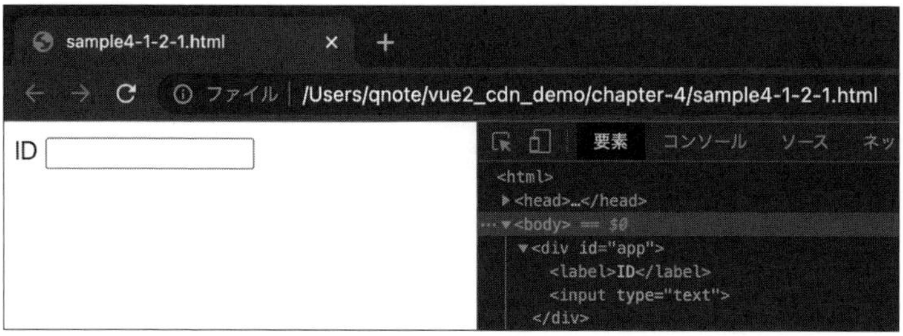

6.3.2 v-show

渡された式がtrueの場合にのみ描写を行うという点はv-ifと同じですが、falseの場合には要素のstyleにdisplay: none;を追加します。要素は常に描写され、コンポーネントのcreatedなども最初の一度のみ実行されます。

注意点として、styleに依存するためtemplateタグでは使用できません。またv-elseやv-else-ifとの併用はサポートされていません。

書式

```
<div v-show="変数値"></div>
```

サンプルコード

```
<div v-show="true"></div>
```

COLUMN

v-if vs v-show

v-ifとv-showは異なる性質を持つため、適切に使い分ける必要があります。それぞれ以下のようなケースのときに使用するとよいでしょう。

■v-if

falseとなった際に要素は削除され、trueとなった際に初期状態の要素が作成されます。よって再描写された際に常に初期化された状態にしたい場合は、v-ifを使用します。

また初期値をfalseとしておくことで、最初に描写される際のコストを抑えることができます。

■v-show

falseとなる値が渡された場合は、単純にstyleにdisplay: none;を追加します。画面では表示されませんが、データは常に生きていることに注意する必要があります。

内側にデータをあまり持たず、また何度も切り替えたりする要素は、v-showを使用するとパフォーマンスが向上します。

6.4 配列要素のリストを表示したい（v-for）

テンプレートに配列データを繰り返し表示したいときはv-forディレクティブを使用します。v-forはitem in itemsのような特殊な構文のみ渡すことができ、itemsは配列、itemは配列の要素のエイリアスです。

区切り文字にはinの代わりにofを使用することもできます。

書式

```
<ul>
  <li v-for="(配列要素のエイリアス, インデックス) in 配列" v-bind:key=↩
"ユニークな値"></li>
</ul>
```

サンプルコード

```
<script setup>
const cats = [
  { id: 1, name: 'みるく', age: 13},
  { id: 2, name: 'チャコ', age: 6},
  { id: 3, name: 'ごまお', age: 5},
]
</script>

<template>
  <ul>
    <li v-for="cat in cats" :key="cat.id">
      ID:{{ cat.id }} {{ cat.name }} {{ cat.age }}さい
```

```
    </li>
  </ul>
</template>
```

■実行結果

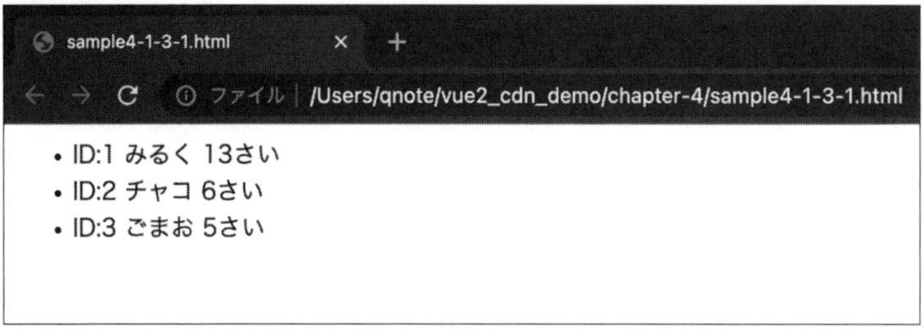

6.4.1 配列のループ表示

v-forに配列を渡す場合は、第2引数として配列のインデックスを設定できます。

```
<ul>
  <li v-for="(item, index) in items">
    ...
  </li>
</ul>
```

6.4.2 オブジェクトのループ表示

v-forにオブジェクトを渡す場合は、第2引数にプロパティ名、第3引数にインデックスを設定できます。

オブジェクトの順序はObject.keys()の順序に基づいており、使用されるJavaScriptエンジンによっては挙動が異なることがあるので注意が必要です。

```
<ul>
  <li v-for="(value, key, index) in object">
    ...
  </li>
</ul>
```

6.4.3 整数と文字列のループ表示

v-forには整数や文字列を渡すこともできます。

```
<ul>
  <li v-for="n in 3">
    {{ n }}
  </li>
</ul>
<ul>
  <li v-for="item in 'CAT'">
    {{ item }}
  </li>
</ul>
```

■ 実行結果

6.4.4 templateタグによるグループ化

複数の要素を含めたい場合、templateタグを使用することでグループとしてまとめることができます。templateタグは非表示ラッパーとして機能するため、描写には含まれません。

```
<ul>
  <template v-for="item in items">
    <li>{{ item.name }}</li>
    <li>{{ item.detail }}</li>
  </template>
</ul>
```

6.4.5 keyの付与

v-forの要素にはkey属性を設定することが必須となっています。これはv-forの要素の識別のために必要で、v-forの要素に変更があった場合にはVueはこのkeyをもとに要素を再描写するかどうかを判断します。

keyはユニークな値でなければならず、また不変であることが求められます。配列のインデックスは配列の要素を削除したりシャッフルした場合に変わってしまうため、適切ではありません。

6.5 イベントハンドリングを実行したい（v-on）

v-onディレクティブを使用することで、「ボタンをクリックする」などのDOMイベントが実行されたときに、指定の処理を発火させることができます。

v-onの値にはJavaScriptの式、メソッド名、またはオブジェクトを指定することができます。

書式

```
<button v-on:イベント名="javaScript式">ボタン</button>
```

サンプルコード

```
<button v-on:click="counter += 1">{{ counter }}回クリックされました</button>
<script setup>
const counter = ref(0)
</script>
```

v-on:は省略して@と記述することができます。

```
<button @click="counter += 1">{{ counter }}回クリックされました</button>
```

6.5.1 メソッドのハンドリング

v-onにはmethodsオプションに定義されたメソッド名を指定することができます。イベントが発火された際には、指定されたメソッドが実行されます。

```
<button v-on:click="sayHello">挨拶する</button>
<script setup>
const sayHello = () => alert('こんにちは！')
</script>
```

6.5.2 インラインメソッドハンドラ

メソッド名を直接指定する代わりに、JavaScriptの式でメソッドを指定することもできます。メソッドに引数が必要な場合はこちらを使用しましょう。

```
<button v-on:click="sayHello('にゃ〜ん')">
  挨拶する
</button>
<script setup>
const sayHello = (message) => alert(message)
</script>
```

6.5.3 オリジナルのDOMイベントの取得

インラインメソッドハンドラの式では、オリジナルのDOMイベントを`$event`という特別な変数で参照することができます。

```
<button v-on:click="sayHello('こんにちは！', $event)">挨拶する</button>
<script setup>
const sayHello = (message, event) => {
  // ネイティブイベントを参照しています
  if (event) event.preventDefault()
  alert(message)
}
</script>
```

6.6 双方向でデータのやりとりがしたい（v-model）

フォームで入力された値をリアルタイムにデータに反映する**双方向データバインディング**を行うには、v-modelディレクティブを使用します。v-modelの値にはリアクティブにしたいデータを指定します。

書式

```
<input v-model="リアクティブにしたいデータ">
```

▼表6.1　input要素に応じてのプロパティとイベント

要素名	プロパティ名	イベント名
テキストと複数行テキスト	value	input
チェックボックスとラジオボタン	checked	change
選択フィールド	value	change

サンプルコード

```
<input v-model="message">
<p>Message: {{ message }}</p>
<script setup>
const message = ref('最初に表示されるメッセージ')
</script>
```

6.6.1 v-modelの内部処理

v-modelはv-onとv-bindの役割を持ち、双方向データバインディングのための簡潔な記述方法です。言い換えれば、v-modelはv-onとv-bindを用いて書き換えることが可能です。

以下の2行は同じように双方向データバインディングを行うための記述となります。

```
<input v-model="message">
<input :value="message" @input="message = $event.target.value">
```

6.6.2 input要素ごとのv-modelの働き

テキスト

1行テキストのとき、v-modelはString値となります。また、内部的なイベントは@inputを使用します。value属性の値は無視され、使用されません。

```
<input v-model="message">
```

テキストエリア

テキストエリア（複数行のテキスト）のとき、v-modelはString値となります。1行テキストと同様、@inputイベントを使用し、textareaタグへの挿入も無効化されます。

```
<textarea v-model="message" />

<!-- この記述は機能しません -->
<textarea>{{ message }}</textarea>
```

ラジオボタン

ラジオボタンのとき、v-modelはvalue属性に設定した値を取ります。

```
<input type="radio" id="milk" v-model="selectedCat" value="みるく"/>
<label for="milk">みるく</label>

<input type="radio" id="futaba" v-model="selectedCat" value="ふたば"/>
<label for="futaba">ふたば</label>

<input type="radio" id="hana" v-model="selectedCat" value="はな"/>
<label for="hana">はな</label>
<script setup>
const selectedCat = ref('')
</script>
```

■実行結果

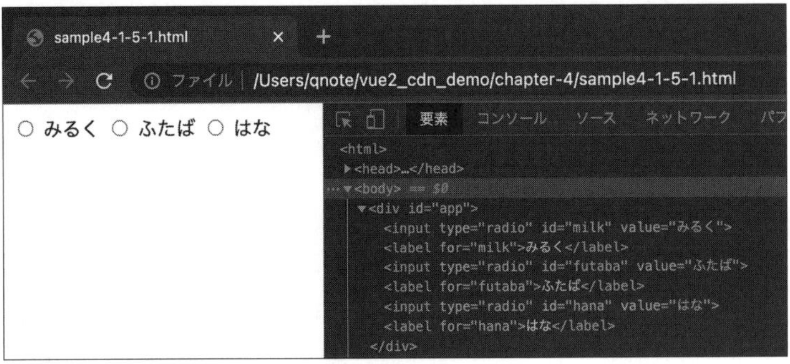

チェックボックス

単体のチェックボックスの場合、v-modelはBoolean値を取ります。

```
<input type="checkbox" id="agreement" v-model="agreement" />
<label for="agreement">同意する</label>
```

カスタムで値を設定することもできます。true-valueおよびfalse-value属性に設定した値がチェックされたとき、およびチェックが外されたときに、v-modelに指定した値に反映されます。

```
<input type="checkbox" id="agreement" v-model="agreement" true-value="はい" false-value="いいえ"/>
<label for="agreement">同意する：{{ agreement }}</label>
```

複数のチェックボックスの場合、v-modelは配列型を取ります。チェックされたとき、配列にはvalue属性に設定した値が入ります。次のサンプルコードのcheckedCatsは、すべてにチェックがある場合の値になっています。

```
<input type="checkbox" id="milk" v-model="checkedCats" value="みるく"/>
<label for="milk">みるく</label>

<input type="checkbox" id="futaba" v-model="checkedCats" value="ふたば"/>
<label for="futaba">ふたば</label>
```

```
<input type="checkbox" id="hana" v-model="checkedCats" value="はな"/>
<label for="hana">はな</label>
<script setup>
const checkedCats = ref(['みるく', 'ふたば', 'はな'])
</script>
```

■ **実行結果**

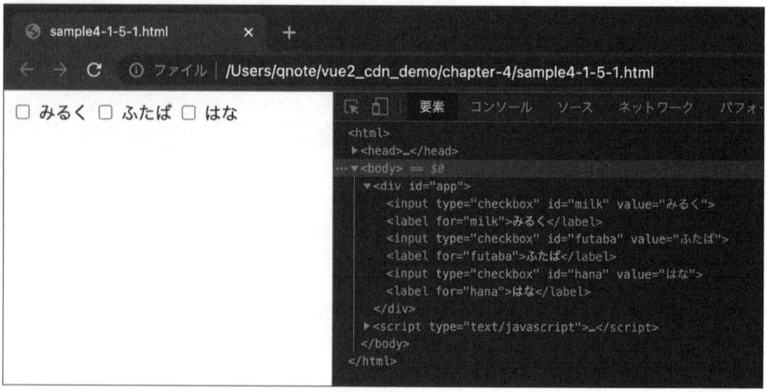

セレクトボックス

1項目のみ選択するセレクトボックスの場合、v-modelはString値を取ります。<option>タグにvalue属性を設定することで、カスタムの値を指定することができます。

```
<select v-model="selectedCat">
  <option value="">選択しない</option>
  <option>みるく</option>
  <option>ふたば</option>
  <option>はな</option>
</select>
<script setup>
const checkedCat = ref('')
</script>
```

先ほどは、v-modelの値がString値でしたが、複数項目を選択するセレクトボックスの場合、v-modelは配列型を取ります。また、selectタグ内にmultiple属性を付与することで複数の選択肢を同時に選択できるようにしています。

```
<select v-model="selectedCats" multiple>
  <option>みるく</option>
  <option>ふたば</option>
  <option>はな</option>
</select>
<script setup>
const checkedCat = ref([])
</script>
```

■実行結果

6.6.3 v-modelの修飾子

.lazy

v-modelは各inputイベントのあとにデータを同期します。これをchangeイベント後に同期するよう遅らせるにはlazy修飾子を使用します。

```
<!-- "@input" ではなく "@change" 後に同期されます -->
<input v-model.lazy="message">
```

.number

v-modelの返却値を文字列ではなく数値として扱いたいときはnumber修飾子を使用します。parseFloat()で解釈できない値だった場合はもとの値がそのまま返却されます。

```
<!-- 自動的にnumber型へキャストされます -->
<input v-model.number="age"  type="number">
```

.trim

入力された文字列の前後の空白や改行を取り除きたい場合はtrim修飾子が便利です。ただし、文字列の中にあるスペースは認識しないので取り除くことはできません。注意しましょう。

```
<input v-model.trim="email">
```

6.7 一度だけデータを展開したい（v-once）

v-onceディレクティブが適用された要素、またはコンポーネントは、初回のみテンプレートが評価され、以降は静的なコンテンツとして扱われます。データは連動しなくなり、DOMの更新も行われません。

書式

```
<span v-once>message</span>
```

v-onceは、式を受け付けることができません。

サンプルコード

```
<span v-once>Hello {{ message }}</span>
<input v-model="message" />
<!-- 入力によりmessage が更新されても DOM は更新されません -->
<span>
  Hello World!の文字が変わることはありません。
</span>
<script setup>
const message = ref('World!')
</script>
```

■実行結果

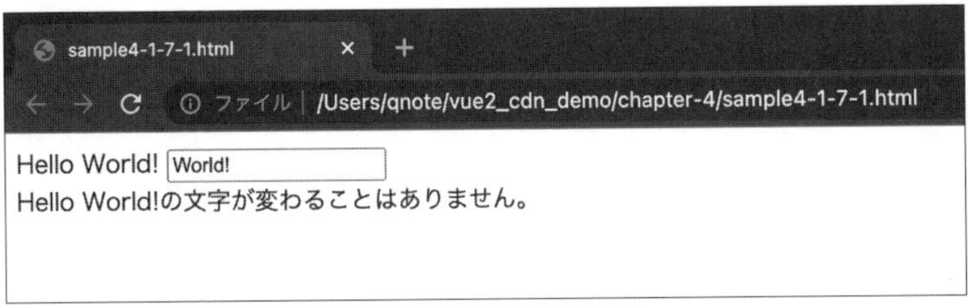

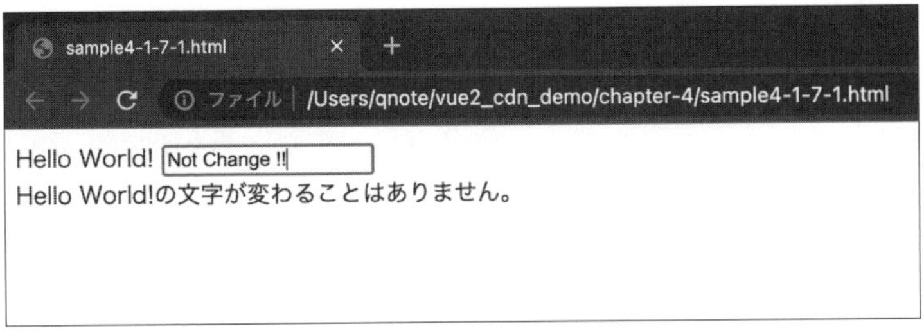

解説

ユーザの入力によってバインディングしたデータが変更されてもDOMが更新されないため、最初から描画されている「Hello World!」の文字が変わることはありません。画面に一度だけ描画したい場合に使用することができます。

6.8 生のHTMLを描画したい（v-html）

Mustache内では、HTMLタグは無効化されプレーンなテキストとして描画されます。HTMLタグを有効にしたい場合は、`v-html`ディレクティブを使用します。

ただし、HTMLをそのまま描画することはXSS脆弱性を引き起こす原因となるので、信頼できるコンテンツのみに限定するなど注意が必要です。

書式

```
<div v-html="html"></div>
```

サンプルコード

```
<p>Mustaches: {{ rawHtml }}</p>
<p>
  v-html directive: <span v-html="rawHtml"></span>
</p>
<script setup>
const rawHtml =  '<strong>Hello World!</strong>'
</script>
```

■ 実行結果

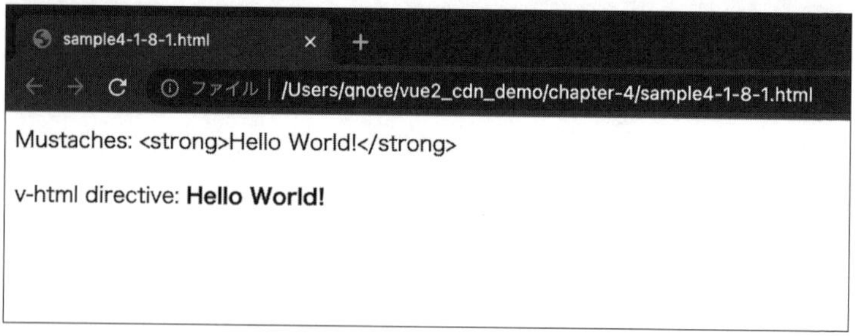

解説

1行目でMustache内にプレーンなHTMLを挿入しましたが、文字列として表示されてしまっています。そこで2行目のように`v-html`ディレクティブを使用してあげることでHTMLとして認識することができるようになります。

6.9 単純なテキストの描画したい（v-text）

要素の内容が単一のMustacheで構成される場合は、`v-text`ディレクティブを使用すると簡潔に記述できます。

書式

```
<span v-text="テキスト"></span>
```

サンプルコード

```
<script setup>
```

```
const message = 'Hello World!'
</script>

<template>
  <span v-text="message" />

  <!-- 上記と同じ働きをします -->
  <span>{{ message }}</span>
</template>
```

実際の描画

```
<span>Hello World!</span>

<span>Hello World!</span>
```


解説

v-textは要素の配下の値を丸ごと指定した値に書き換えることが可能です。そのため、上記のコードではv-textとマスタッシュ構文を使用した場合、どちらも同じ表示となります。しかし、テキストの一部だけを動的に変更したい場合はマスタッシュ構文でしか対応できないためご注意ください。

6.10 ちらつきを防止したい（v-cloak）

いわゆる「ちらつき」とは、画面描画時、コンパイルが完了するまでに{{ messasage }}などの素のコードが一瞬見えてしまう現象です。v-cloakを使用することで、まだコンパイルされていないマスタッシュ構文の要素を隠すことができます。v-cloakディレクティブは、コンパイルが終了すると取り除かれます。

基本的にはCSSでdisplay: none;などを指定して、コンパイルが完了するまで生のMustacheなどを画面に表示させないといった制御を加えたい場合に使用します。

v-cloakは式を受け付けません。

書式

```
<div v-cloak>{{ message }}</div>
```

サンプルコード

```
[v-cloak] {
  display: none;
}
<div v-cloak>
  {{ message }}
</div>
```

解説

v-cloakディレクティブを利用する場合は、まず、上記のCSSのようなスタイルシートでv-cloak属性付きの要素をdisplay: none;で非表示にします。Vue.jsは、Vueインスタンスの初期化のタイミングでv-cloak属性を検知すると、これを破棄します。これにより、初期化前には非表示だった要素が、初期化終了後に表示状態になります。この処理を行うことで、初期化前にマスタッシュ構文を内包した要素がそのまま表示されてしまうちらつき現象を防ぐことができます。

6.11 コンパイルをスキップしたい（v-pre）

v-preディレクティブを付与した要素は、Vueのコンパイルがスキップされます。mustacheタグもそのまま表示させることができます。要素のコンパイルをスキップすることで描画の速度が上がり、パフォーマンスを向上させることができるというメリットがあります。

書式

```
<span v-pre>{{ message }}</span>
```

v-preは式を受け付けません。

サンプルコード

```
<div v-pre>
  <h1>{{ title }}</h1>
  <p>{{ message }}</p>
</div>
```

実際の描画

```
<h1>{{ title }}</h1>
<p>{{ message }}</p>
```

解説

v-preディレクティブは、付与されている要素だけではなく子要素のコンパイルもスキップします。titleとmessageどちらも生のマスタッシュ構文が表示されます。用途に合わせてご使用ください。

6.12 効率よくDOMが追跡したい（key属性）

v-bind:key（以降:keyと記載）は、Vue.jsがリストの変更を効率よく追跡するため、ヒントとして設定する一意な属性です。公式のスタイルガイドでも、v-forを利用する場合は:keyが必須であるとされています。:keyがあることで、リストのどこの順序が変更されたか、どのデータが削除・破棄されたか、効率よく処理が行われます。

書式

```
<ul>
  <li
    v-for="item in items"
    :key="item.id">
    ...
  </li>
</ul>
```

なお、v-forで:keyを設定しない場合は、:key=indexとなります。描画後に変更がない場合は、indexでも問題ありませんが、変更が発生する場合は、一意なidを設定する必要があります。

6.13 DOMを操作したい（ref属性）（Options API）

子コンポーネントのDOMを直接操作したい場合に使用します。親コンポーネントでは`$refs`に`ref`は格納されています。HTMLタグに`ref`属性を付与した場合は、`ref`はそのタグ名になります。

書式

```
<p ref="p">hello</p>

<child-component ref="child"></child-component>
// vm.$refs.p は DOM ノードを取得
const dom = this.$refs.p
// vm.$refs.child は child-component のインスタンスを取得
const component = this.$refs.child
```

サンプルコード

```
<p ref="cat">I am Cat</p>

<p
  v-for="num in 4"
  :key="num.index"
  ref="num">
  my number is {{ num }}
</p>
```

上記の例では`$refs`は、以下のようになります。

```
$vm.$refs
{cat: p, num: Array(4)}
  cat: p
  num: Array(4)
    0: p
    1: p
    2: p
    3: p
```

次の例では、子コンポーネントのh1タグの値を親コンポーネントから直接操作しています[注1]。

```
<!-- 子コンポーネント -->
<!-- RefComponent.vue -->
<template>
  <h1>Ref コンポーネント</h1>
</template>
<!-- 親コンポーネント -->
<template>
  <div class="about">
    <RefComponent ref="msg" />
    <button @click="onSubmit()">あなたは誰ですか？</button>
  </div>
</template>
methods: {
  onSubmit() {
    this.$refs.msg.$el.textContent = '吾輩は猫である！';
  },
},
```

■実行結果

注1　このサンプルコードはVue CLIで作成しています。

なお、refはrender関数にて生成されるため、コンポーネントの最初の描画時にはアクセスできません。また、$refsはリアクティブではないので、テンプレート内で呼び出すことはできません。

6.14 コンポーネントを動的に切り替えたい（is属性）

Vue.jsにはis属性を使用することでコンポーネントを動的に切り替えることが可能です。同じような記述としてv-ifを使ってコンポーネントの切り替えをすることが多いと思いますが、v-bind:isのほうが記述量が少なくなる場合もありますので用途によって使い分けてください。

では、さっそく見ていきましょう。

書式

```
<componet v-bind:is="currentConmponet" />
```

上記のようにcomponentタグの中にis属性を記述し、v-bindで値を動的に変更します。

サンプルコード

```
<script setup>
import { ref } from 'vue'

import Post from "./Post.vue";
```

```
import Profile from "./Profile.vue";

const changeComponent = ref(Post)
</script>

<template>
  <button @click="changeComponent = Post">Post</button>
  <button @click="changeComponent = Profile">Profile</button>
  <component :is="changeComponent" />
</template>
```


上記のコードはボタンを2つ用意してそれぞれのボタンが押されたときにコンポーネントが切り替わるようになっています。

コードを読み解いていきます。まず、changeComponentの初期値をPostとしています。changeComponentに登録したコンポーネントの名前もしくはコンポーネントのオプションオブジェクトを指定してあげることでバインディングをすることができます。

そのため、最初画面が描画されたらPostコンポーネントが表示されています。その状態で、ProfileのボタンをクリックするとchangeComponentにはProfileが入り、Profileのコンポーネントが表示されます。このように比較的少ないコードでコンポーネントの切り替えが可能です。

6.15 Vue 2との変更点

6.15.1 key属性

keyノード<template v-for>と非v-forノード（v-if・v-else・v-else-if）の使用方法が変更になりました。

Vue 2.xではv-if・v-else・v-else-ifでkey属性を使用することが推奨されていました。次のコードでは、ボタンをクリックするとv-ifによってDOMが再レンダリングされ、値がリセットされます。inputに一意の値を持つkey属性を割り当てたことでidがnameとemailのinputが別物だと認識できるためです。

サンプルコード

2.x

```
<template>
  <div>
    <template v-if="toggle">
      <label for="name">名前</label>
      <input id="name" key="input1" />
    </template>
    <template v-else>
      <label for="email">メールアドレス</label>
      <input id="email" key="input2" />
    </template>
    <button @click="onClick">入力変更</button>
  </div>
</template>
export default {
  data() {
    return {
      toggle: false,
    };
  },
  methods: {
    onClick() {
      this.toggle = !this.toggle;
    },
  },
}
```

Vue 3.xからは、v-if・v-else・v-else-ifの条件分岐はkey属性を割り当てなくても一意のkey属性を自動的に生成してくれます。key属性を使用しても機能はしますが、あえて記述する必要がないので次のように使用しないことをお勧めします。

```
<template>
  <template v-if="toggle">
    <label for="name">名前</label>
    <input id="name" />
  </template>
  <template v-else>
```

```
    <label for="email">メールアドレス</label>
    <input id="email" />
  </template>
  <button @click="onClick">入力変更</button>
</template>
```

6.15.2　<template v-for>

<template v-for>の構文を使用する場合のkey属性の配置場所も変更点がありました。Vue 2.xでは次のように子要素にkey属性を配置していました。

サンプルコード

2.x

```
<template v-for="item in items">
  <div v-if="item.isVisible" :key="item.id">...</div>
</template>
```

Vue 3.xではtemplateタグ内にkey属性を含めることができるようになったので、上記のコードは次のように置き換えることができます。

3.x

```
<template v-for="item in items" :key="item.id">
  <div v-if="item.isVisible">...</div>
</template>
```

6.15.3　v-ifとv-forの優先順位

v-ifとv-forを同じタグ内で使用した場合の優先度も変更になりました。Vue 2.xではv-ifよりもv-forが優先されていたため、記述方法によってはパフォーマンスの低下などの懸念材料がありました。Vue 3からは、v-forの優先度が高くなったことにより、懸念材料が解消されました。

```
<template>
  <div v-if="isVisible" v-for="item in items">...</div>
</template>
```

しかしながら構文のあいまいさがあるので、同じタグ内で`v-if`と`v-for`を使用するのはお勧めしません。表示したくないものがあれば算出プロパティを使用して事前に取り除いてあげるなど別の解決策で対応することをお勧めします。

6.15.4 v-bind="object"構文

Vue 3では、同じタグ内に`v-bind="object"`構文とobjectの中と同じプロパティを個別で定義した場合、バインディングの宣言されている順番によってどちらのプロパティを適用するのか決めることができます。

以前のVue 2.xでは、同じタグ内に`v-bind="object"`構文と個別プロパティが定義されている場合、記述された順番に関係なく、個別プロパティが優先されていました。その結果、object内の重複があったプロパティの値を上書きしていました。

サンプルコード

2.x

```
<template>
  <div
    style="width: 150px; height: 150px; background-color: red"
    :style="{ backgroundColor: 'blue' }" />
  <!-- 結果 -->
  <div style="width: 150px; height: 150px; background-color: red" />
</template>
```

上記のようなコードの場合は、順番に関係なく背景色が赤色の正四角形が表示されます。

3.x

```
<template>
  <div
    style="width: 150px; height: 150px; background-color: red"
    :style="{ backgroundColor: 'blue' }" />
  <!-- 結果 -->
  <div style="width: 150px; height: 150px; background-color: blue" />
</template>
```

後ろに書いた属性が前の属性を上書きすることになるので結果もVue

2のときと違い、背景色が青色の正四角形が表示されます。開発者が自由に属性の優先度が決めることができるようになったので大変便利になりました。

6.15.5　v-on.native修飾子の削除

Vue 3からv-onの.native修飾子が削除され、使用は非推奨となりました。

サンプルコード

2.x

```
<template>
  <child-component v-on:click.native="onClick" />
</template>
```

Vue.2以前ではコンポーネントのルート要素でネイティブイベントを監視したい場合は、**native修飾子**を使用しないとイベントが発火しませんでした。しかし、Vue 3からはemitsオプションによって明示的に書いてあげることでイベントが発火し、native修飾子をデフォルトで拾うようになったのでこの修飾子は削除となりました。Vue 3からソースコードを書く人はnative修飾子は使わないようにしましょう。

3.x

```
<template>
  <child-component v-on:click="onClick" />
</template>
<script setup>
const emit = defineEmits(['click'])

emits('click')
</script>
```

6.15.6　v-forのref配列

Vue 2以前では、v-forの子要素にref属性を記述すると対応するrefsプロパティに参照の配列を入れることができ、その配列に添字を指定してあげることで特定のDOMを取得することができていました。しかし、Vue

3からは配列が自動で作成されなくなったので、別の新機能を使うことになります。

サンプルコード

2.x

```
<template>
  <div v-for="(n, index) in 3" :key="index">
    <input ref="element" />
  </div>
</template>
export default {
  mounted() {
    console.log(this.$refs.element)
    console.log(this.$refs.element[0])
  },
}
```

上記のコードだと`this.$refs.element`に配列が入ったことにより、添字を使ってDOMの取得ができていました。Vue 3での代用方法は次のようになります。

サンプルコード

3.x

```
<template>
  <div v-for="(n, index) in 3" :key="index" v-bind:ref="setElementRef">
    <input />
  </div>
</template>
<script setup>
import { onMounted } from "vue"

const elementRefs = [];
const setElementRef = (el) => {
  if (el) {
    elementRefs.push(el)
  }
}
onMounted(() => {
```

```
  console.log(elementRefs[0])
})
</script>
```

コードを見ていきます。まず、ref属性を動的に変更するためにv-bindを使用します。ref属性の値には関数を指定してあげることでv-forでループした数の各DOMが引数に渡り、elementRefsという配列に1つずつ入っていくしくみです。

6.16 アニメーションをつけたい (transition)

表示／非表示といったアニメーションをつけるとき、transitionを適用したい部分をtransitionラッパーコンポーネントで囲むことでCSSを指定するためのクラスが自動的に適用されます。そして、自動的に付与されたクラスにCSSを指定することでアニメーションを実現します。

なお、要素やコンポーネントが挿入されることenter、逆に削除されることをleaveと言います。

6.16.1 プロパティ

▼表6.2 トランジションクラス

トランジションクラス	内容
enter-from-class	enterの開始
enter-active-class	enterの処理が実際に行われている
enter-to-class (2.1.8以降)	enterの終了
leave-from-class	leaveの開始
leave-active-class	leaveの処理が実際に行われている
leave-to-class (2.1.8以降)	leaveの終了

6.16.2 name

トランジションラッパーコンポーネントにname=" ○○ "と記述することで適用させるトランジションのクラス名を指定できます。そうするとCSSを指定する際のクラス名の接頭辞に任意で指定した名前がつきます。デフォルトはvのため、v-enterとv-leaveなどが適用されます。

サンプルコード

```
<script setup>
import { ref } from 'vue';

const show = ref(false)

const btnChange = () => {
  show.value = !show.value
}
</script>

<template>
  <!-- デフォルト -->
  <button @click="btnChange">Show or Hide</button>
  <transition>
    <p v-show="show">Transition test!</p>
  </transition>

  <!-- 名前付き -->
  <transition name="fuga">
    <p v-show="show">Named Transition!</p>
  </transition>
</template>

<style scoped>
/* デフォルトの場合 v- が適用される */
.v-enter {
  opacity: 0;
}
.v-enter-active {
  transition: opacity 1s;
}
.v-enter-to {
  opacity: 1;
}

/* 名前付きの場合、名前- が適用される */
.fuga-enter {
  opacity: 0;
}
.fuga-enter-active {
```

```
  transition: opacity 1s;
}
.fuga-enter-to {
  opacity: 1;
}
span{
  color: #708090;
  font-size: 20px;
}
</style>
```


このサンプルコードではボタンを使ってtransitionコンポーネントの表示／非表示を切り替えています。

■ 実行結果

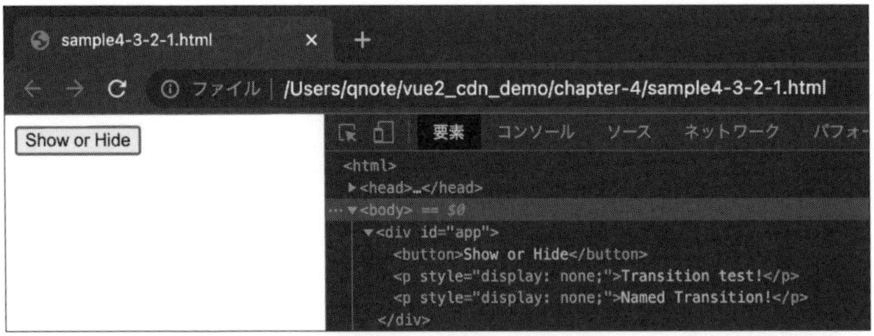

6.16.3 appear

appearを指定することで、初期描画時にトランジションを適用できます。

サンプルコード

```
<transition appear>
  <!-- 何か -->
</transition>
```

6.16.4 css

JavaScriptのみのトランジションを提供したい場合に、CSSのトランジションと混在しないように明示的にcssトランジションクラスを無効にすることができます。デフォルトでは、trueです。

サンプルコード

```
<script setup>
const enter = () => {
  // 何か
}
</script>

<template>
  <transition
    @enter="enter"
    :css="false">
    <!-- 何か -->
  </transition>
</template>
```

6.16.5 mode

transitionのデフォルトでは、enteringとleavingが同時に行われます。しかし、同時ではなく前の表示が消えてから次の表示が現れてほしい場合などに指定します。out-inかin-outが指定できます。

- out-in：前の表示が消えてから、次の表示が現れる
- in-out：次の表示が現れてから、前の表示が消える

6.16.6 duration

遷移にかかる時間を指定することができます。

サンプルコード

```
<transition :duration="1000">
  ...
</transition>

<!-- 個別に指定する場合 -->
<transition :duration="{ enter: 1000, leave: 500  }">
  ...
</transition>
```

クラス名を上書きできます。Animate.cssなどの既存のCSSアニメーションライブラリを使用する際に有効な方法です。

6.16.7 イベント

v-onの属性にJavaScriptフックを設定し、メソッドで関数を呼び出すことでもtransitionを制御することができます。

トランジションのイベント

- before-enter
- before-leave
- before-appear
- enter
- leave
- after-enter
- after-leave
- after-appear
- enter-cancelled
- leave-cancelled（v-showのときのみ）
- appear-cancelled

サンプルコード

transitionコンポーネント内のイベントの属性にbefore-enterとenterとafter-enterを設定し、それに対応する関数をmethodsオプションの中で作成しています。ボタンをクリックすると3秒後に文字が出現し、さらに3秒後に文字が消滅します。今回はVelocityというJavaScriptライブラリを使用してアニメーションをつけているので、HTMLのheadタグの中に次のスクリプトを追記してください。

```
<script src="https://cdnjs.cloudflare.com/ajax/libs/velocity/2.0.6/
velocity.min.js"></script>
```

App.vue

```
<script setup>
import { ref } from 'vue';

const show = ref(false)

const beforeEnter = (el) => {
  console.log('before enter')
  el.style.opacity = 0
}
const enter = (el) => {
  console.log('enter')
  Velocity(el, { opacity : 1 } ,{ duration: 3000 })
}
const afterEnter = (el) => {
  console.log('after enter')
  Velocity(el, { opacity : 0 } ,{ duration: 3000 })
}
</script>

<template>
  <button v-on:click = "show = !show">ここにクリックしてください</button>

  <transition
    appear
    name="fade"
    @before-enter="beforeEnter"
    @enter="enter"
    @after-enter="afterEnter">
    <p v-show="show">JS hook!</p>
  </transition>
</template>
```

■ 実行結果

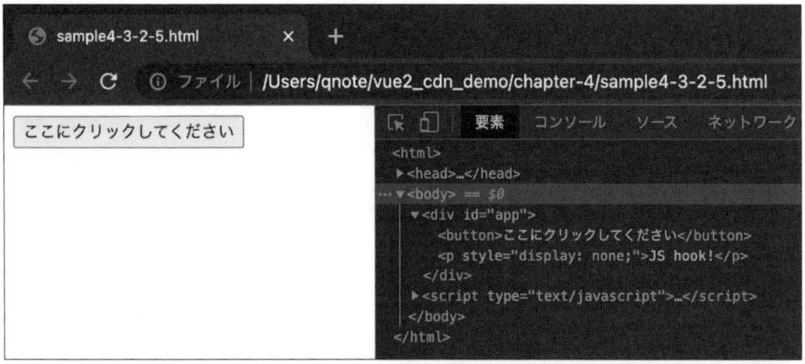

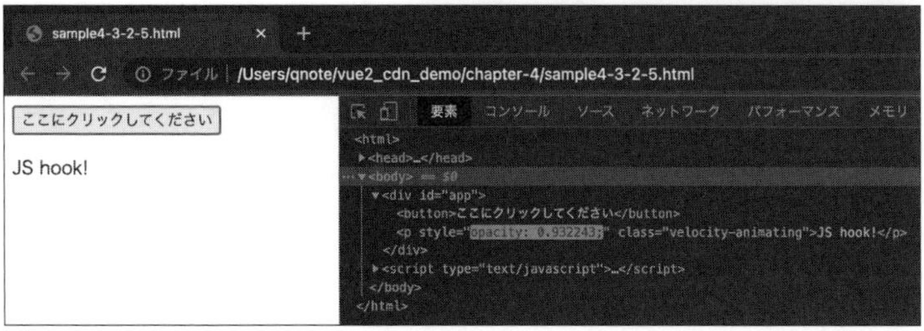

6.17 複数の要素やコンポーネントにトランジションを適用したい（transition-group）

transition-groupを使うことで、複数要素やコンポーネントにトランジションを適用することができ、v-moveを使って要素の移動にアニメーションをつけることができます。v-moveまたはtransition-groupにnameオプションをつけてname-moveとしてcssクラスを設定できます。なお、:keyは必ず一意の値を指定する必要があります。

書式

```
<transition-group name="todo-list">
  // 表示内容を記述
</transition-group>
```

サンプルコード

以下はtodoリストの表示と、タスク名での並び替えを行っています。nameオプションはtodo-list-moveです。

```
<script setup>
import { ref } from 'vue';

const todos = ref([
  { key: 1, text: '猫社員に食事をあげる' },
  { key: 2, text: '仕事をする' },
  { key: 3, text: 'みるく部長の匂いを嗅ぐ'}
])


const sortName = (order) => {
  todos.value = _.orderBy(todos.value, ['text'], [order])
}
</script>

<template>
  <button @click="sortName('asc')">降順</button>
  <button @click="sortName('desc')">昇順</button>

  <transition-group
    name="todo-list"
    tag="ul">
    <li
      v-for="todo in todos"
      :key="todo.key">
      {{ todo.text }}
    </li>
  </transition-group>
</template>

<style scoped>
.todo-list-move {
  transition: transform 1s;
}
</style>
```

次のように書き換えることで、タスクを追加や削除することができます。

```
<script setup>
import { ref } from 'vue';

const todos = ref([
  { key: 1, text: '猫社員に食事をあげる' },
  { key: 2, text: '仕事をする' },
  { key: 3, text: 'みるく部長の匂いを嗅ぐ'}
])

const sortName = (order) => {
  todos.value = _.orderBy(todos.value, ['text'], [order])
}

const todo = ref('new ToDo')
const nextKey = ref(4)

// add()とremove()を追加
const add = () => {
  todos.value.push({
    key: nextKey.value++,
    text: todo
  })
}
const remove = (i) => todos.value.splice(i, 1)
</script>

<template>
  <!-- 追加ボタンを追加 -->
  <input v-model="todo"><button @click="add">追加</button>

  <button @click="sortName('asc')">降順</button>
  <button @click="sortName('desc')">昇順</button>

  <transition-group
    name="todo-list"
    tag="ul">
    <li
      v-for="(todo, i) in todos"
```

6

```
      :key="todo.key">
      {{ todo.text }}
      <!-- 削除ボタン追加 -->
      <button @click="remove(i)">削除</button>
    </li>
  </transition-group>
</template>

<style scoped>
.todo-list-move {
  transition: transform 1s;
}

/* 追加・削除中のアニメーション設定 */
.todo-list-enter-active, .todo-list-leave-active {
  transition: all 1s;
}

/* 追加・削除後の設定 */
.todo-list-enter, .todo-list-leave-to {
  opacity: 0;
}

/* 非表示アニメーションにabsoluteを設定する必要がある */
.todo-list-leave-active {
  position: absolute;
}
</style>
```

■実行結果

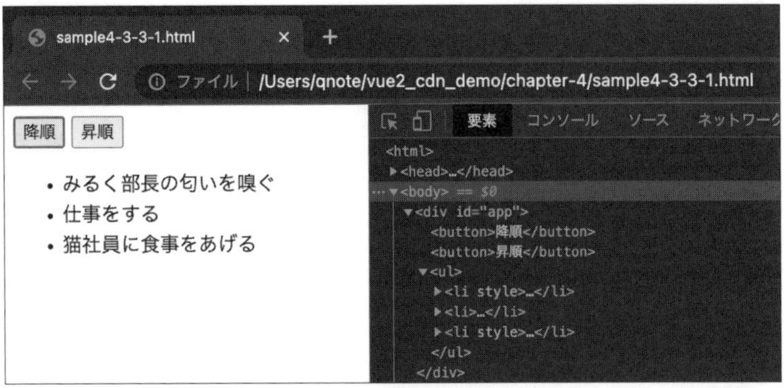

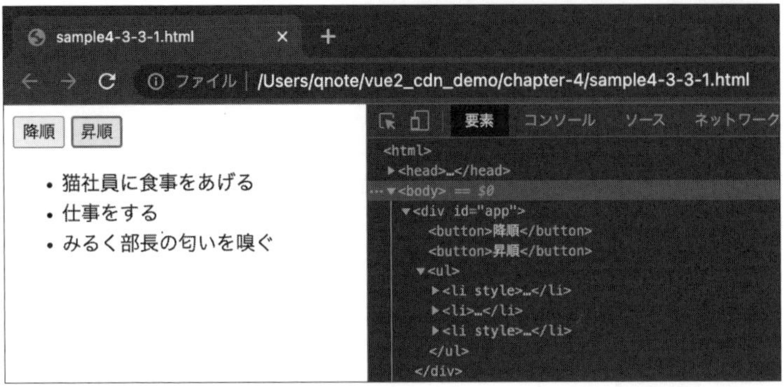

6.18 コンポーネントの再描画をスキップしたい（keep-alive）

動的コンポーネントでインスタンスをキャッシュし、コンポーネントの状態を保持しておきたい場合や、再描画を回避したい場合に使用します。ここで言う再描画とは仮想DOMの再構築に当たるので、コンポーネントの中身が頻繁に更新されない場合は`keep-alive`コンポーネントに内包することでDOMの再構築をスキップし画面の体感速度を高める効果も期待できます。また、コンポーネントの再描画時にフォームデータなどを残しておきたい場合などにも`keep-alive`を使用することで入力内容を保持できます。

書式

```
<keep-alive>
  〜コンポーネント〜
</keep-alive>
```

include/excludeによるコンポーネントの指定（2.1.0以降）

```
<keep-alive
  include="componentA"
  exclude="componentB">
  〜コンポーネント〜
</keep-alive>
```

maxによる最大コンポーネント数の指定（2.5.0以降）

```
<keep-alive max="5">
  〜コンポーネント〜
</keep-alive>
```

▼表6.3　keep-aliveのプロパティ

プロパティ	型	機能
include	文字列 or 正規表現 or 配列	キャッシュするコンポーネントを指定できる
exclude	文字列 or 正規表現 or 配列	キャッシュしないコンポーネントを指定できる
max	数値	キャッシュするコンポーネントの最大数を指定できる

サンプルコード

```
<template>
  <!-- A. 基本的な使い方 -->
  <keep-alive>
    <comp-a>
      ここはキャッシュされる
    </comp-a>
    <comp-b>
      ここはキャッシュされる
    </comp-b>
  </keep-alive>

  <!-- B. 特定のコンポーネントだけキャッシュする -->
  <keep-alive include="comp-a">
    <comp-a>
```

```
      ここはキャッシュされる
    </comp-a>
    <comp-b>
      ここはキャッシュされない
    </comp-b>
  </keep-alive>
</template>
```

解説

keep-aliveでは内包するすべてのコンポーネントの描画結果がキャッシュされます。親のコンポーネントが更新されても内包するcomp-aとcomp-bのコンポーネントは再描画されませんので、コンポーネント内のフォームデータなどは保持されます。

6.19 テンプレート内容を置換したい（slot）

template内の<slot>タグはそのコンポーネントを呼び出した際に置換することが可能です。nameを指定した場合は、<template #name>置換内容</template>と指定することで置換することが可能です。

サンプルコード

BasePage.vue

```
<template>
  <div class="container">
    <header>
      <slot name="head" />
    </header>
    <p>
      ただのスロット<slot></slot>
    </p>
    <slot name="body" />
  </div>
</template>
```

App.vue

```
<script setup>
import BasePage from './components/BasePage.vue'
</script>

<template>
  <BasePage>
    test slot
    <template #head>HEAD</template>
    <template #body>BODY</template>
  </BasePage>
</template>
```

■実行結果

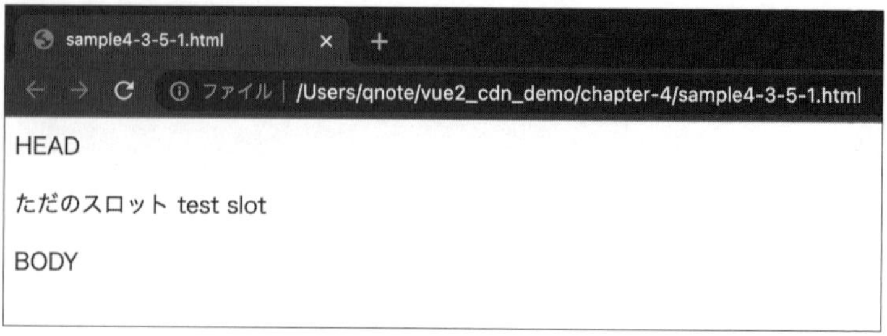

6.20 カスタムディレクティブを設定したい（app.directive）

Vue.jsにはデフォルトでいくつかのdirectiveが登録されています。v-model, v-if, v-forなどです。directiveはv-から始まります。app.directiveを使用することでグローバルなカスタムディレクティブを登録することができます。

サンプルコード

次の例はテキストをオレンジ色にするグローバルカスタムディレクティブです。

```
const app = createApp(App)

app.directive('orange', (el) => {
  el.style.color = 'orange'
})

app.mount('#app')
<p v-orange>オレンジ色のテキスト</p>
```

引数を渡すことも可能です。次の例では、動的にテキストの色変えることができます。


```
app.directive('color', (el, binding) => {
  el.style.color = binding.value;
});
<p v-color="'orange'">オレンジ色のテキスト</p>
<p v-color="'red'">赤色のテキスト</p>
<p v-color="'blue'">青色のテキスト</p>
```

▼表6.4　フック関数

フック関数	内容
bind	ディレクティブが要素にアタッチしたときに一度だけ実行される
inserted	要素が親DOMに挿入されたときに実行される
update	要素が更新されるたびに実行される。ただし、子コンポーネントが更新される前であることに注意する
componentUpdated	要素と子コンポーネントが更新されるたびに実行される
unbind	ディレクティブが削除されたときに実行される

▼表6.5　フック引数

フック引数	内容
el	ディレクティブの要素。DOMを直接操作するために使用できる（styleなど）
binding	次のプロパティを持ったオブジェクト ・name：v-のあとの部分（例：v-styleなら、style） ・value：ディレクティブに与えた値（例：v-style="'1 + 1'"なら、2） ・expression：ディレクティブに与えた文字列（例：v-style="'1 + 1'"なら、1 + 1） ・arg：ディレクティブに与えた引数（例：v-style:fooなら、foo） ・modifiers：ディレクティブに与えた装飾子（例：v-style.bold.underlineなら、{bold: true, underline: true}）
vnode	仮想DOMのノードを直接参照できる
oldValue	updateとcomponentUpdatedを利用した場合のみ使用でき、古い値を参照することができる

なお、`el`以外は読み取り専用が推奨されています。

サンプルコード

```
<template>
  <h1 v-style.bold.underline.highlight>{{ msg }}</h1>
</template>
app.directive('style', (el, binding) => {
  const { modifiers } = binding

  if (modifiers.bold) el.style.fontWeight = 'bold';
  if (modifiers.underline) el.style.textDecoration = 'underline';
  if (modifiers.highlight) el.style.background = '#ffff00';
})
```

■実行結果

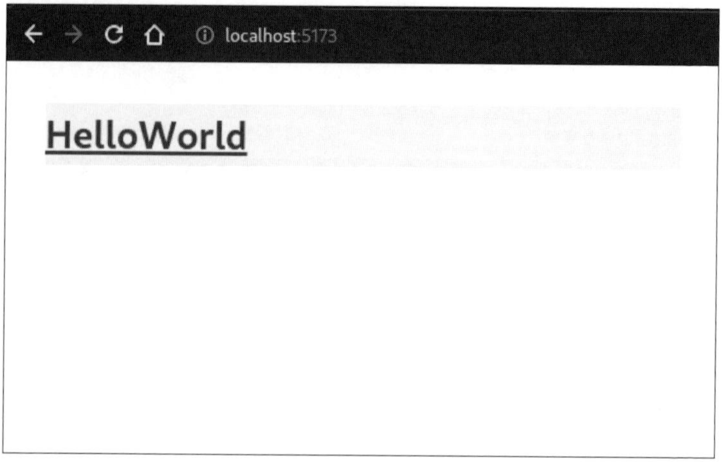

6.21 コンポーネントを登録or取得したい（app.component）

グローバルにコンポーネントを登録または取得することができます。第1引数にはidとなるコンポーネント名を渡し、第2引数にはオプションオブジェクト（テンプレートの内容）を渡します。登録されたコンポーネントはルートインスタンスのDOM内でもサブコンポーネントでも使用することができます。

サンプルコード

次のサンプルコードではidであるコンポーネント名をパスカルケース（PascalCase）でつけていますが、HTMLは大文字と小文字を区別しないためDOM内テンプレートで使用する場合はケバブケース（kebab-case）でつける必要があることに注意してください。

```
import { createApp } from 'vue'
import Navi from '@/components/Navi.vue'

const app = createApp(App)

app.component('Navi', Navi)

app.mount('#app')
<template>
  <Navi />
  <h1>{{ msg }}</h1>
</template>
```

■実行結果

Vueコンポーネントについては**5.1節**も参照してください。

6.22 プラグインを使用したい（app.use）

Vue Routerなどのプラグインをインストールする際に使用します。第1引数にプラグインを渡します。第2引数にはプラグインによって任意で渡すことができます。

サンプルコード

次の例は、Vue Routerを使用する際のコードです。

```
import { createApp } from 'vue'
import router from './routes/index.js'

const app = createApp(App)

app.use(router)

app.mount('#app')
```

Vue Routerについては、**第8章**で紹介します。人気のあるVueプラグインは、**第9章**で一部を紹介します。

6.23 バージョンを取得したい（version）

Vueのバージョンを取得することができます。

サンプルコード

```
import { version } from 'vue'

console.log(version)
```


6.24 非同期にDOMを更新したい（nextTick()）

Vueは非同期にDOMを更新します。DOM更新後に実行したい処理はnextTick()後に記述することで実行できます。

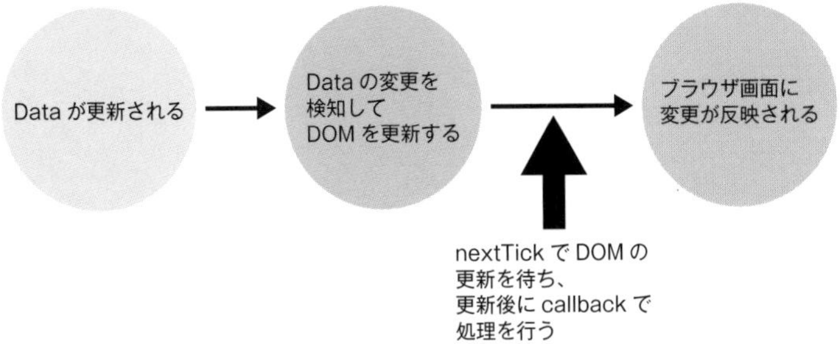

▲図6.1　nextTickが実行されるタイミング

サンプルコード

```
<script setup>
import { nextTick, ref } from 'vue';

const count = ref(0)

const increment = async () => {
  count.value++
  console.log(document.getElementById('counter').textContent) // 0
```

```
  await nextTick()

  console.log(document.getElementById('counter').textContent) // 1
}
</script>

<template>
  <button id="counter" @click="increment">
    {{ count }}
  </button>
</template>
```

6.25 リアクティブに値を変更する（ref()、reactive()）

コンポーネント内でリアクティブに値を操作する方法はref()とreactive()の2通りがあります。ref()は、値を.valueでアクセスする必要があります。reactive()はオブジェクトで指定する必要があります。

```
<script setup>
import { ref } from 'vue';

const count = ref(0)
const addCount = () => count.value++
</script>

<template>
  <button @click="addCount">{{ count }}</button>
</template>
```

```
<script setup>
import { reactive } from 'vue';

const state = reactive({
  count: 0,
})
const addCount = () => state.count++
</script>
```

```
<template>
  <button @click="addCount">{{ state.count }}</button>
</template>
```

6.26 算出プロパティで再計算したい（computed）

computedオプションには、インスタンスの算出プロパティが格納されています。すべてのゲッターとセッター内のコンテキストは自動でインスタンス自体に紐付いています。

算出プロパティはキャッシュされていて、プロパティ自体が依存しているリアクティブ要素が更新されたら再算出を行います。依存している要素がリアクティブでないと再算出を行わないので注意が必要です。

サンプルコード

```
<script setup>
import { computed } from '@vue/reactivity';
import { reactive } from 'vue';

const state = reactive({
  count: 0,
})

const countDouble = computed(() => state.count * 2)

// get と set
const countPlus = computed({
  get: () => state.count + 1,
  set: (val) => {
    state.count = val - 1
  }
})
</script>

<template>
  <p>countDouble: {{ countDouble }}</p>
  <p>countPlus: {{ countPlus }}</p>
</template>
```

第2引数にデバッグを行うことも可能です。

```
const countDouble = computed(() => state.count * 2, {
  onTrack(e) {
    debugger
  },
  onTrigger(e) {
    debugger
  }
})
```

6.27 オブジェクトを読み取り専用とする (readonly)

読み取り専用のオブジェクトとして保護して扱うことが可能です。

```
<script setup>
import { reactive, readonly } from 'vue';

const state = reactive({
  count: 0,
})
const copy = readonly(state)

const addCount = () => copy.count++ // [warn] Set operation on key "count" failed: target is readonly.
</script>
```

6.28 値の変更を検知したい (watch)

watchオプションには、データや算出プロパティの変更を監視できるウォッチャ関数が格納されています。監視している値が変更されたらウォッチャのハンドラ関数が呼び出されます。

```
<script setup>
```

```
import { reactive, watch } from 'vue';

const state = reactive({
  count: 0,
})

watch(
  () => state.count,
  (count, preCount) => console.log(`count: ${count}, preCount${preCount
}`)
)
```

一度に複数の値を監視したい場合は、配列で指定することで監視できます。

```
<script setup>
import { reactive, watch } from 'vue';

const state = reactive({
  msg: 'Hallow World!',
  count: 0,
})
const addCount = () => state.count++

watch(
  () => [state.count, state.msg],
  ([count, msg], [preCount, preMsg]) => console.log('changed!!')
)
</script>
```

ネストした要素の監視がしたい場合は、ディープモードを有効にすることで可能となります。

```
watch(
  () => state,
  () => console.log('changed!!'),
  { deep: true },
)
```

なお、リアクティブなオブジェクトを監視する場合は、自動でディープモードになります。

```
watch(
  state,
  () => console.log('changed!!'),
)
```

また、第3引数のオプションにデバッグを設定することも可能です。

```
watch(
  () => state,
  () => console.log('changed!!'),
  {
    deep: true,
    flush: 'post',
    onTrack(e) {
      debugger
    },
    onTrigger(e) {
      debugger
    }
  },
)
```

6.29 ライフサイクルフック

Composition APIの`setup()`内でのライフサイクルフックは従来のOptions APIとは異なります。その違いを見てみましょう。インスタンス生成前に実行される`beforeCreate`とインスタンス生成後に実行される`created`は`setup`関数で実行されるため明記する必要がなくなりました。その他のライフサイクルフックは`on`というプレフィックス（接頭辞）を付加する変更のみとなっています。

▼表6.6 ライフサイクルフックの対応表

Options API	Composition API
beforeCreate	−
created	−
beforeMount	onBeforeMount
mounted	onMounted
beforeUpdate	onBeforeUpdate
updated	onUpdated
beforeUnmount	onBeforeUnmount
unmounted	onUnmounted
errorCaptured	onErrorCaptured
renderTracked	onRenderTracked
renderTriggered	onRenderTriggered
activated	onActivated
deactivated	onDeactivated

これらのライフサイクルフックを呼び出す場合はvueからimportしてあげる必要があります。

6.29.1 onMounted

onMountedは、インスタンスがマウントされた段階で呼び出されています。この段階では、elがvm.$elに置き替えられます。ルートインスタンスがドキュメント中の要素であれば、vm.$elもドキュメント中の要素になります。APIリクエストを送信する場合は、多くのケースはここで送信することが推奨されます。

この関数は、**サーバサイドレンダリングでは呼び出されません**。

```
onMounted(
  () => console.log('mounted!!')
)
```

6.29.2 onUpdated

onUpdatedは、データが変更され、かつ**仮想DOMの再レンダー・パッチされた**段階で呼び出されるライフサイクルメソッドです。この段階では、コンポーネントのDOMが更新されているため、DOMに依存する操作はここで実行することができます。

しかし、コンポーネントのステートの更新をここでやるとonUpdatedの無限ループに陥る可能性があるため避けるべきです。ステートを更新したい場合は、算出プロパティまたはウォッチャを使用してください。

onUpdatedは、すべてのコンポーネントが再レンダーされたことを**保証しません**。すべてのコンポーネントが再レンダーした状態が望ましいのであれば、onUpdatedにvm.$nextTick()メソッドを使用してください。

この関数は、**サーバサイドレンダリングでは呼び出されません**。

```
onUpdated(
  () => console.log('updated!!')
)
```

6.29.3 onUnmounted

コンポーネントがアンマウントされたあとに呼び出したいコールバックを登録できます。

```
onUnmounted(
  () => console.log('unMounted!!')
)
```

6.29.4 onBeforeMount

onBeforeMountは、インスタンスのマウントの直前に呼び出されるライフサイクルメソッドです。この段階では、提供されたテンプレートまたはvm.elで定義されたHTML要素のレンダーができ、render関数が初めて呼び出される前です。

この関数は、**サーバサイドレンダリングでは呼び出されません**。

```
onBeforeMount(
  () => console.log('before mount!!')
)
```

6.29.5 onBeforeMount

onBeforeMountは、データが変更された際に呼び出されるライフサイクルメソッドです。このメソッドを呼び出す際は**DOMが更新される前**であるため、更新前のDOMにアクセスしたい作業（手動でイベントリスナを外すなど）はこのメソッドで行うことが望ましいです。

この関数は、**サーバサイドレンダリングでは呼び出されません**。

```
onBeforeUpdate(
  () => console.log('before update!!')
)
```


6.29.6 onBeforeUnmount

```
onBeforeUnmount(
  () => console.log('before unMount!!')
)
```

6.29.7 onErrorCaptured

onErrorCapturedは、子孫コンポーネントにエラーが発生すると呼ばれるライフサイクルメソッドです。このメソッドに渡される引数は**表6.7**のとおりです。

▼表6.7 onErrorCapturedの引数

順番	引数名（例）	説明
1	err	発生したエラーのインスタンス
2	vm	エラーが発生したコンポーネントのインスタンス
3	info	エラーが発生した場所の文字列情報

onErrorCapturedにて、コンポーネントステートを変更することができます。しかし、テンプレートまたはレンダー関数に条件分岐でエラーが発生した際に処理を回避する処理が大切です。そういう処理がないと、無限ループが発生する可能性があります。

ルール

- デフォルトでは、エラーの分析が1つの場所で行えるようにconfig.

errorHandlerが定義されたらすべてのエラーはconfig.errorHandlerに送られる

- 継承または親コンポーネントで複数のonErrorCapturedフックが存在する場合は同じエラーですべてのフックが呼び出される
- onErrorCaptured自体にエラーが発生した場合は、onErrorCaptured内発生ともとのエラーがconfig.errorHandlerに送られる
- onErrorCapturedフックでfalseを返すことで該当のエラーに対して、それ以降のonErrorCapturedおよびconfig.errorHandlerは呼び出されない

サンプルコード

```
<script setup>
import { onErrorCaptured } from 'vue'
import SameComponent from './SameComponent.vue'

onErrorCaptured(
  (err, vm, info) => {
    console.log(err.message) // -> 'throwError'
    console.log(vm.hoge)     // -> 'fuga'
    console.log(info)        // -> 'mounted hook'

    // エラーのこれ以上の伝達を防ぐため、 false を返す
    return false
  }
)
</script>

<template>
  <SameComponent />
</template>
```

```
<script setup>
import { onMounted } from 'vue';

const hoge = 'fuga'

onMounted(
  () => { throw new Error('throwError') }
)
</script>
```

6.29.8 onActivated、onDeactivated

onActivatedは、KeepAlive内のコンポーネントが活性化される際に呼び出されるライフサイクルメソッドです。onDeactivatedは、KeepAlive内のコンポーネントが非活性になった際に呼び出されるライフサイクルメソッドです。

この関数は、**サーバサイドレンダリングでは呼び出されません。**

HelloWorld.vue

```
<script setup>
import { reactive } from 'vue'
import SameComponent from './SameComponent.vue'

const state = reactive({
  active: false,
})
</script>

<template>
  <KeepAlive>
    <SameComponent v-if="state.active" />
  </KeepAlive>
</template>
```


SameComponent.vue

```
<script setup>
import { onActivated, onDeactivated } from 'vue';

onActivated(
  () => console.log('activated!!')
)
onDeactivated(
  () => console.log('deactivated!!')
)
</script>

<template>
  <h1>Active</h1>
</template>
```

6.30 provideとinject

provideとinjectを使うことで親コンポーネントと子コンポーネント間でデータや状態を共有することができます。

親コンポーネントから子コンポーネントへデータを渡す場合、通常propsを使います。2つのコンポーネント間でのやりとりならこれで十分でしょう。しかし、親コンポーネントから孫やひ孫コンポーネントなど複数コンポーネントが間に入る場合、propsを使うと渡す必要のない間のコンポーネントにもデータを渡さなければならず、バケツリレー状態になります。Provide/Injectであれば、親コンポーネントから渡したいコンポーネントまで間のコンポーネントを経由することなくデータを渡すことができます。

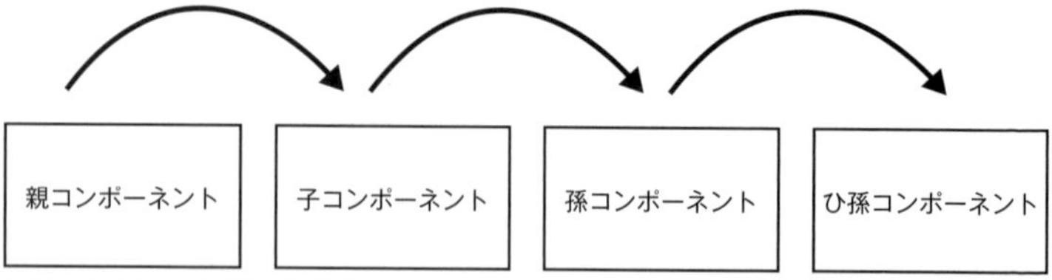

▲ 図6.2　Propsを使った場合

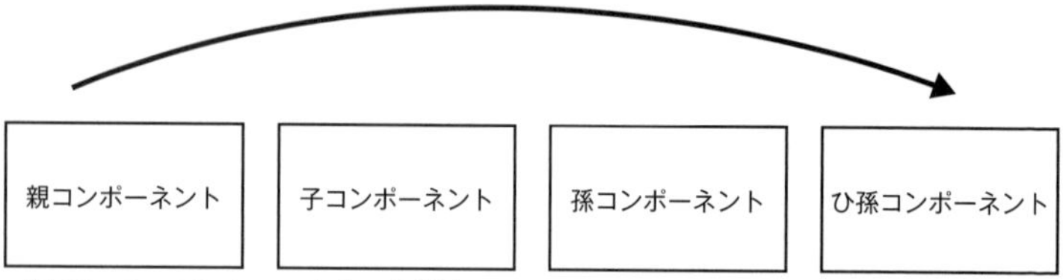

▲ 図6.3　Provide/Injectを使った場合

Vuexでもデータを一括管理して使いたいコンポーネントでデータを使うことができますが、Provide/Injectはより簡単に実現できます。逆に言えば、大規模で複雑なプロジェクトの場合はVuexを使うほうが良い解決策になり得るということです。Provide/Injectはちょうどpropsと Vuexの中間に当たる機能と言えます。プロジェクトごとにProvide/Injectを使うべきかどうか検討が必要です。

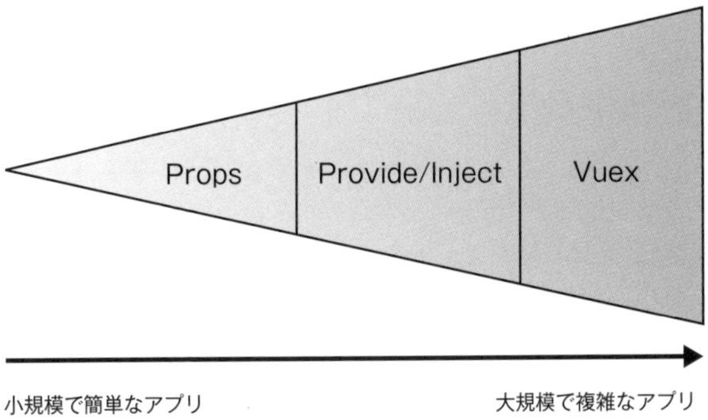

▲図6.4　Provide/Injectはpropsと Vuexの中間に当たる機能

6.30.1　provide

親コンポーネントで渡したいデータや状態をprovideで指定し、受け取りたいコンポーネントでinjectを記述するだけで使えるようになります。provideの第1引数にプロパティ名を指定し、第2引数にその値を記述します。

書式

```
provide('プロパティ名', 値)
```

たとえば親コンポーネントでprovide('framework', 'Vue.js')と記述すれば、injectで受け取ったコンポーネントでframeworkというプロパティ名でVue.jsという値を持つデータを使うことができるようになります。

Provide/Injectは**もともとはリアクティブではありません**。refやreactiveでくくられたリアクティブなデータを渡したい場合は、provide('**プロパティ名**', computed(() => **値**))のようにcomputedを使う必要があります。

次のサンプルコードの場合、provide('userName', data)のように第

2引数にdataを指定してもリアクティブになりますが、オブジェクトごとに入るため思ったような表示にならないことがあるので注意が必要です。

const user = ref('')のようにrefを使ってリアクティブにしている場合は、provide('userName', user)のようにuserをそのまま渡してもcomputedを使うときと同じ見た目になります。

6.30.2 inject

そしてデータを受け取りたいコンポーネントでinject('**プロパティ名**', **デフォルトの**fallback)を指定します。デフォルトのfallbackの値はオプションなので必要があれば指定すればいいでしょう。

Composition APIで使う場合、いずれも必ずsetup関数内で使うことを忘れないようにしましょう。

次のサンプルコードは親コンポーネントから孫コンポーネントにユーザ情報を渡しています。

サンプルコード

App.vue（親コンポーネント）

```
<script setup>
import { computed, provide, reactive } from 'vue'
import Child from './components/Child.vue'

const data = reactive({
  user: '',
  address: '',
  age: ''
})

provide('userName', computed(() => data.user))
provide('userAddress', computed(() => data.address))
provide('userAge', computed(() => data.age))
</script>

<template>
  <Child />
  <div style="text-align: center;">
    <input v-model="data.user"><br/>
    <input v-model="data.address"><br/>
```

```
    <input v-model="data.age">
  </div>
</template>
```

Child.vue（子コンポーネント）

```
<script setup>
import GrandChild from './GrandChild.vue'
</script>

<template>
  <GrandChild />
</template>
```

GrandChild.vue（孫コンポーネント）

```
<script setup>
import { inject } from 'vue'

const userName = inject('userName')
const userAddress = inject('userAddress')
const userAge = inject('userAge')
</script>

<template>
  <div class="main">
    <h1>User Information</h1>
    <p>User name: <span>{{ userName }}</span></p>
    <p>User address: <span>{{ userAddress }}</span></p>
    <p>User age: <span>{{ userAge }}</span></p>
  </div>
</template>

<style scoped>
.main{
  text-align: center;
}
h1{
  color: gray;
}
span{
  font-weight: bold
}
```

```
</style>
```

■実行結果

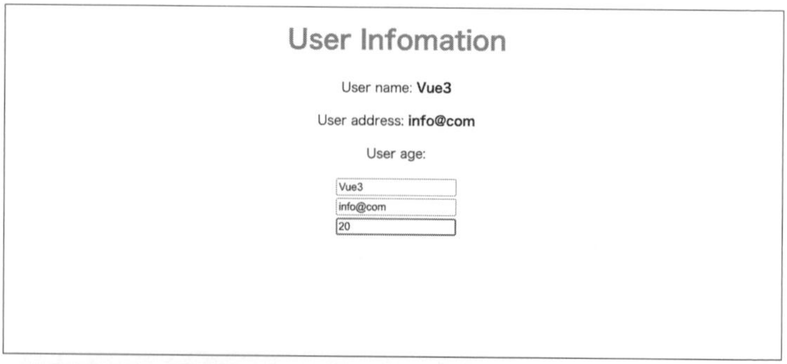

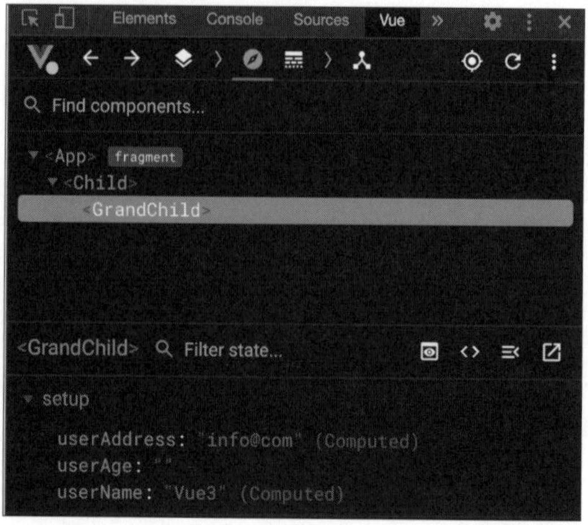

見てのとおり、間に入っている子コンポーネント（Child.vue）ではデータの受け渡しに関して何もしていませんが、親コンポーネント（App.vue）から孫コンポーネント（GrandChild.vue）にデータの受け渡しができました。

userNameとuserAddressはデータを渡す側である親コンポーネントでcomputedでリアクティブにしているため、フォームに入力すると表示も変わります。userAgeはdata.ageとリアクティブにしないまま渡しているので、あとから入力しても何も反映されずデフォルトのままになっていることがわかります。

また、readonlyを使うことでデータを読み取り専用にし、ほかのコンポーネントから書き換えることができなくなります。

サンプルコード

App.vue（親コンポーネント）を次のように書き換えます。

```
<script setup>
import { computed, provide, readonly, ref } from 'vue'
import Child from './components/Child.vue'

const user = ref('Vue Taro')
const address = ref('')
const age = ref('')
const copy = readonly(user) // userを読み取り専用にする

provide('userData', copy)
provide('userAddress', computed(() => address.value))
provide('userAge', computed(() => age.value))
</script>

<template>
  <Child />
  <div style="text-align: center;">
    <input v-model="user"><br/>
    <input v-model="address"><br/>
    <input v-model="age">
  </div>
</template>
```


6.31 Teleportを使ってテンプレートを描画させたい

Teleportはある場所からほかの場所にテレポーテーションしたかのようにテンプレートを描画させることができる機能です。以前のバージョンでも`vue-portal`というプラグインを使うことで同じことができましたが、Vue 3からは`teleport`という名称で正式にサポートされました。

Vueは関連する機能ごとにカプセルに閉じ込めるようにコンポーネント

化して使うことが多いですが、機能が増えると必然的にネストが深くなっていきます。そうすると特にフルスクリーンモーダルやポップアップ、通知といった上位層のレイヤーとして表示させたい場合にz-indexを使う必要があり、CSSの設定が煩雑になっていきます。また、親要素に設定したCSSに干渉され意図しないスタイルになってしまうこともあります。

この問題はTeleportで解決できます。Teleportを使うことでz-indexを使わず上位層レイヤーとして描画させることができたり、同じテンプレート内に記述していながら違うDOM要素の子として描画させたりすることができます。

書式

使い方はとてもシンプルで、<teleport to="ターゲット要素"></teleport>をテンプレートの中に記述するだけです。to="○○"でターゲット要素を指定すると、その要素の子として描画させることができます。

サンプルコード bodyタグが親要素になっている例

次のサンプルコードのようにmain.jsで<div id="app"></div>にマウントして描画させていても、index.htmlのbodyタグをターゲットとしてto=""で指定してあげれば、そこに描画することができます。

App.vue

```
<script setup>
import HelloWorld from './components/HelloWorld.vue'
</script>

<template>
  <HelloWorld />
</template>
```

HelloWorld.vue

```
<template>
  <h2>This is HelloWorld component!</h2>

  <teleport to="body">
    <h2>This is teleport content!</h2>
  </teleport>
</template>
```

index.html

```
<body>
  <div id="app" style="background-color: pink;"></div>
  <script type="module" src="/src/main.js"></script>
</body>
```

id名がappのセレクタに背景色を設定しています。ブラウザで確認するとThis is HelloWorld component!だけに背景色が適用されていることがわかります。また、デベロッパーツールの［Elements］を見てみると、<h2>This is teleport content!</h2>が<div id="app"></div>の外側に描画されていることもわかります。

■実行結果

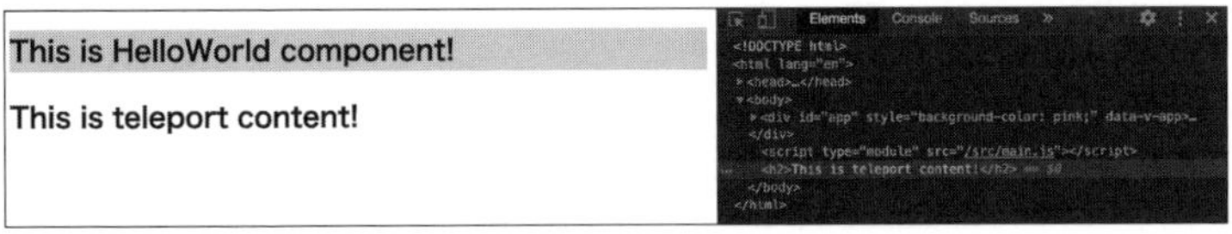

この例ではbodyが親になっていますが、ほかの要素を親にしたい場合はその要素をindex.htmlに記述する必要があります。

サンプルコード **body以外が親要素になっている例**

次の例ではindex.htmlにteleportationという要素を追加して、それをターゲット要素として指定しています。

index.html

```
<body>
  <div id="app" style="background-color: pink;"></div>
  <div id="teleportation" style="background-color: blue;"></div>
  <script type="module" src="/src/main.js"></script>
</body>
```

HelloWorld.vue

```
<template>
  <h2>This is HelloWorld component!</h2>

  <teleport to="body">
    <h2>This is teleport content!</h2>
```

```
  </teleport>

  <teleport to="#teleportation">
    <h2>This is second teleport content!</h2>
  </teleport>
</template>
```

■実行結果

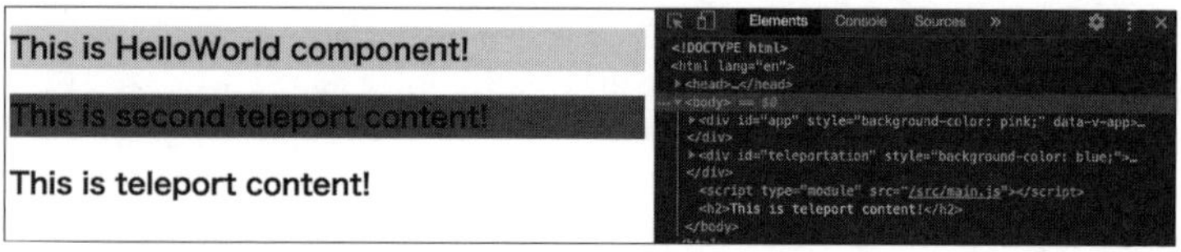

注意点として、teleport先の要素（ターゲット要素）はコンポーネントがマウントされる前に存在しているものでなければいけません。したがって、App.vueのテンプレート中に新たなdiv要素を作り、その要素をターゲットとしてteleportすることはできません。

サンプルコード 表示されないNG例

App.vue

```
<template>
  <div id="main"></div>
  <HelloWorld />
</template>
```

HelloWorld.vue

```
<template>
  <h2>This is HelloWorld component!</h2>

  <teleport to="main">
    <h2>This is teleport content!</h2>
  </teleport>
</template>
```

6.31.1 フルスクリーンモーダルでTeleportを使用する

Teleportがよく使われるのは先に挙げたようにフルスクリーンモーダルやポップアップ、通知を作る場面でしょう。次のサンプルコードではフルスクリーンモーダルを例にしています。

index.htmlにターゲット先にするmodal要素を追加します。

サンプルコード

index.html

```
<body>
  <div id="app"></div>
  <div id="modal"></div>
  <script type="module" src="/src/main.js"></script>
</body>
```

App.vue

```
<script setup>
import HelloWorld from './components/HelloWorld.vue'
</script>

<template>
  <HelloWorld />
</template>
```

モーダル機能の部分をteleportタグで囲み、ターゲット要素に#modalを指定します。モーダルの表示／非表示の切り替えをv-showとv-onで行っています。デフォルトではv-show="openClose"をfalseにして非表示状態にしておき、ボタンがクリックされるとmodalOpenが発火されopenCloseがtrueになりモーダルが表示されます。

モーダルを閉じるときはモーダル内のボタンをクリックすることでcloseが発火されopenCloseがfalseになり非表示になります。**refを使うときは.valueでアクセスするという点に注意してください**。openClose = trueでアクセスしようとするとエラーが出ます。

HelloWorld.vue

```
<script setup>
import { ref } from 'vue';

const openClose = ref(false)

const modalOpen = () => {
  openClose.value = true
}
const close = () => {
  openClose.value = false
}
</script>

<template>
  <div class="base">
    <h1>Teleport test</h1>
    <button @click="modalOpen">Modal open!</button>

    <teleport to="#modal">
      <div class="modal" v-show="openClose">
        <div class="modal-content">
          <button class="close" @click="close">X</button>
          This is modal content!
        </div>
      </div>
    </teleport>
  </div>
</template>

<style scoped>
.base{
  text-align: center;
  background-color: green;
}
.modal {
  position: absolute;
  left: 0;
  top: 0;
  width: 100%;
  height: 100%;
```

```
  background-color: rgba(0, 0, 0, 0.5);
}
.modal-content {
  background-color: white;
  margin: 20% auto;
  padding: 20px;
  width: 400px;
  border: 1px solid red;
}
.close {
  padding: 10px;
  color: black;
  float: right;
  font-size: 10px;
}
</style>
```


Teleportを使うことで、CSSでz-indexを設定せずにモーダルを作ることができました。

6.31.2　親要素のCSSの干渉を受けないようにしたい

次に親のCSSの干渉を受けない例を見てみましょう。Teleportの効果がわかりやすいように一度Teleportなしのモーダルで親要素にCSSを設定してみます。<div id="modal"></div>をコメントアウトでapp要素にCSSを設定します。

サンプルコード

index.html

```
<body>
  <div id="app" style="position: relative; width: 200px;"></div>
  <!--<div id="modal"></div>-->
  <script type="module" src="/src/main.js"></script>
</body>
```

Teleportの記述を消して通常のモーダルにします。

HelloWorld.vue

```
<template>
  <div class="base">
    <h1>Teleport test</h1>
    <button @click="modalOpen">Modal open!</button>

      <div class="modal" v-show="openClose">
        <button class="close" @click="close">X</button>
        <div class="modal-content">
          This is modal content!
        </div>
      </div>
  </div>
</template>
```

この状態で［Modal open!］をクリックすると、モーダルが親要素にCSSの影響を受けてフルスクリーンモーダルでなくなってしまっているのがわかります。

■ 実行結果

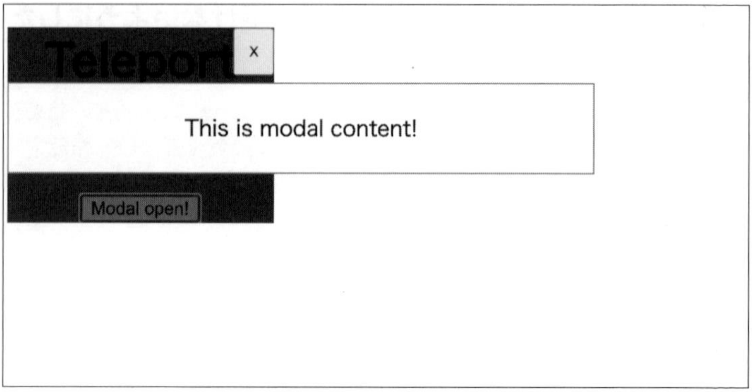

ここで親要素にCSSを設定したままTeleportを使ったモーダルに戻してみます。index.htmlの<!--<div id="modal"></div>-->のコメントアウトを外して有効にしてから、次のようにteleportタグでモーダルの中身を囲みます。

HelloWorld.vue

```
<template>
  <div class="base">
    <h1>Teleport test</h1>
    <button @click="modalOpen">Modal open!</button>

    <teleport to="modal">
      <div class="modal" v-show="openClose">
        <button class="close" @click="close">X</button>
          <div class="modal-content">
            This is modal content!
          </div>
      </div>
    </teleport>
  </div>
</template>
```


すると、親要素は横幅200pxのままですがモーダルはフルスクリーンになっており、親のCSSの干渉を受けていないことがわかります。

6.32 Suspenseで代替コンポーネントを表示させたい

Suspenseは表示したいコンポーネントがレンダリングされるまでの間に代替のコンポーネントを表示させることができるコンポーネントです。

主な用途として非同期処理が挙げられます。外部のAPIにリクエストを送り、データが返ってくるまでの間ローディング画面を表示させるといったことはフロントエンド開発の中でよくある処理です。以前は、非同期処理待機中のローディング画面を実装する場合、`v-if`や`v-show`を使ってそのコンポーネント内で処理を行っていましたが、Vue 3のSuspenseではそのコンポーネント内ではなくコンポーネントツリーの上の階層で同じ処理をより簡単に実装できるようになりました。

Suspenseを利用するために2つのスロットを用意します。必要な処理後、表示できる状態になると表示される`default`スロットと、処理を待っている間に代替として表示される`fallback`スロットです。

書式

```
<template>
  <Suspense>
    // 表示できる状態になったら表示されるコンポーネント
    <template #default>
      <HelloWorld />
    </template>

    // 処理を待っている間に表示されるローディング画面
    <template #fallback>
      <div>
        <span>Loading... Please wait.</span>
      </div>
    </template>
  </Suspense>
</template>
```

サンプルコード

次のサンプルコードはSuspense.vueのコンポーネントが表示されるまでの5秒間`fallback`スロットの内容が表示されるものです。

このサンプルコードのスタイルはbootstrapを使用しています。あらかじめindex.htmlのheadタグ内に次のコードを追加します。

```
<link rel="stylesheet" href="https://stackpath.bootstrapcdn.com/
bootstrap/4.5.0/css/bootstrap.min.css">
<script src="https://code.jquery.com/jquery-3.5.1.slim.min.js"></script>
<script src="https://cdn.jsdelivr.net/npm/popper.js@1.16.0/dist/umd/
popper.min.js"></script>
<script src="https://stackpath.bootstrapcdn.com/bootstrap/4.5.0/js/
bootstrap.min.js"></script>
```

h1タグには以下の記述を追加しましょう。

```
<div>
  <h1 class="alert alert-primary">Vue 3 App</h1>
</div>
```

App.vue

```
<script setup>
import Suspense1 from './components/Suspense.vue'
</script>

<template>
  <Suspense>
    <template #default>
      <Suspense1 />
    </template>
    <template #fallback>
      <div style="text-align:center;">
        <span>Loading... Please wait 5sec.</span>
      </div>
    </template>
  </Suspense>
</template>

<style scoped>
span{
  color: #708090;
  font-size: 20px;
}
</style>
```

Suspense1.vue

```
<script setup>
const fetchComponent = () => {
  return new Promise(resolve => {
    setTimeout(resolve, 5000)
  })
}

await fetchComponent()
</script>

<template>
  <div style="text-align: center;">
    <h1>Suspense success!</h1>
  </div>
</template>
```

■実行結果

fallbackが表示されている状態

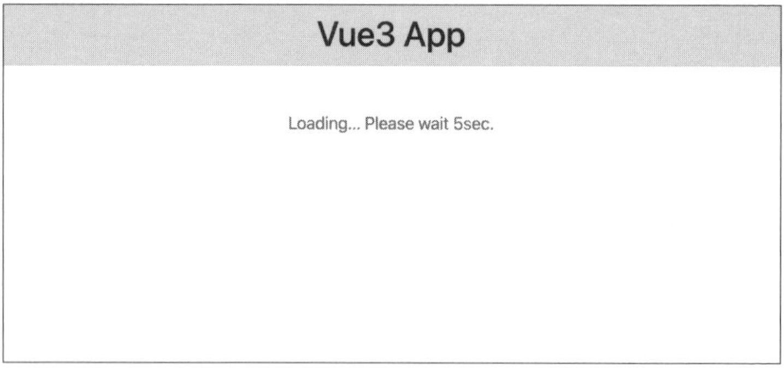

5秒後にSuspenseコンポーネントが表示されます。

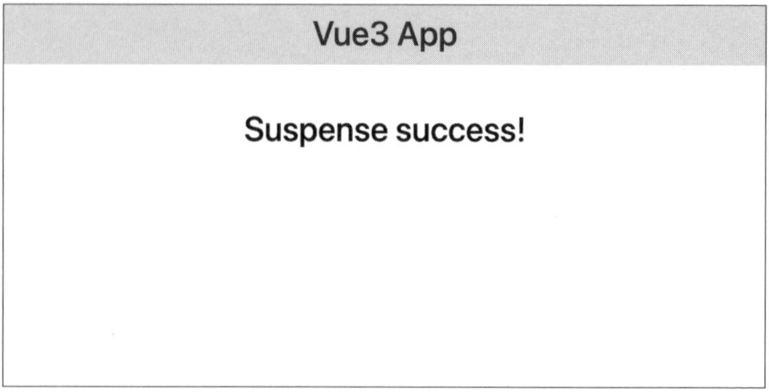

6.33 テンプレートに複数のルート要素を含めたい（Fragments）

Vue 2.xまでは1つのコンポーネントは1つのルート要素しか含めない仕様になっており、複数の要素があるとComponent template should contain exactly one root element.といったエラーメッセージが出てしまうので、<template></template>の中の要素を1つの<div></div>でくくってあげる必要がありました。

サンプルコード

Vue 3からはFragmentsがサポートされたため複数のルート要素を含めるようになりました。

```
<template>
  <header>Header</header>

  <div>Content</div>

  <footer>Footer</footer>
</template>
```


6.33.1 親コンポーネントから属性を渡したい場合

しかし、複数のルート要素がある場合、どの要素に継承するかを明示しないと親コンポーネントからの属性の継承が無効になってしまいます。

サンプルコード

App.vue

```
<template>
  <HelloWorld id="colord"  style="color: red" />
</template>
```

HelloWorld.vue

```
<template>
  <header>Header</header>  // OK

  <div>Content</div>

  <footer>Footer</footer>
</template>
```

上記のサンプルコードのように子コンポーネント側のどの要素で受け取りたいか明示していないと、子コンポーネントのどの要素にも属性は渡されずコンソール上で`Extraneous non-props attributes (id, style) were passed to component but could not be automatically inherited because component renders fragment or text root nodes.`という警告

が出ます。

■ 実行結果

属性が渡されていないためいずれの要素にもcolor: red;が反映されていない

one

two

three

子コンポーネントでどの要素に属性を継承させたいかv-bindとuseAttrs()で明示してあげましょう。これで、一番上のdiv要素に属性が継承されます。

HelloWorld.vue

```
<script setup>
import { useAttrs } 'vue'

const attrs = useAttrs()
</script>

<template>
  <header v-bind="attrs">Header</header>
  <div>Content</div>
  <footer>Footer</footer>
</template>
```

■ 実行結果

one

two

three

6.34 スコープ付きCSS（scoped style）で記述したい

スコープ付きCSSはスタイルを当てる範囲を制限することができる機能として便利ですが、ディープセレクタが一部のプリプロセッサで有効にならなかったり、親から配信されたslotが親と子両方のスタイルの影響を受けてしまったりすることで意図しないスタイルになってしまうことがありました。

Vue 3ではこういった問題が改善されました。次のサンプルコードを詳しく見ていきましょう。

6.34.1 ::v-slotted()

Vue 3ではデフォルトで子コンポーネントのスコープ付きCSSがslotのスタイルに影響しない仕様になっています。次の例では、親コンポーネント側のテンプレートでslotにtextクラスを付与して配信し、親コンポーネント側でスタイルを当てています。

サンプルコード

Parent.vue

```
<template>
  <div style="text-align: center;">
    <p class="text">Parent paragraph</p>
    <Child><p class="text">Child paragraph</p></Child>
  </div>
</template>

<script>略</script>

<style scoped>
.text {
  color: red;
}
</style>
```

Child.vue

```
<template>
```

```
  <slot></slot>
</template>

<script>略</script>

<style scoped>
.text {
  color: gray!important;
}
</style>
```

この場合、子コンポーネント側でもtextクラスにスタイルを指定していますが効いていません。デベロッパーツールの［Elements］を見ると親コンポーネントの属性値のみがついていることがわかります。

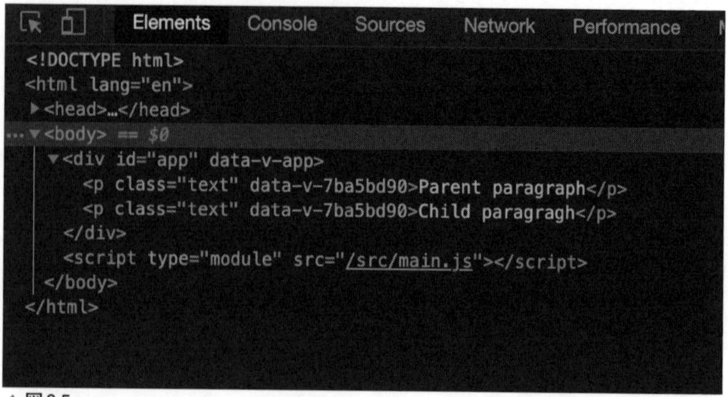

▲図6.5

slotに子コンポーネントのスタイルを当てたい場合は::v-slotted()擬似要素を使うことで実現できます。ショートハンドで:slotted()と書いても同じ動きをします。

たとえば次のようなコードです。このサンプルコードでは::v-slotted()擬似要素を使ってslotにcolor: gray;のスタイルを当てています。子コンポーネント側のみでスタイルをしている場合は不要ですが、親コンポーネント側でもスタイルを指定している場合はサンプルコードのように!importantをつける必要があります。Parent.vueはそのままです。

Child.vue

```
<template>
  <slot></slot>
</template>

<script>略</script>

<style scoped>
::v-slotted(.text) {
  color: gray !important;
}
</style>
```


デベロッパーツールの［Elements］パネルを見るとわかるようにslotで配信された要素には親コンポーネントと子コンポーネントの2つの属性値がついています。

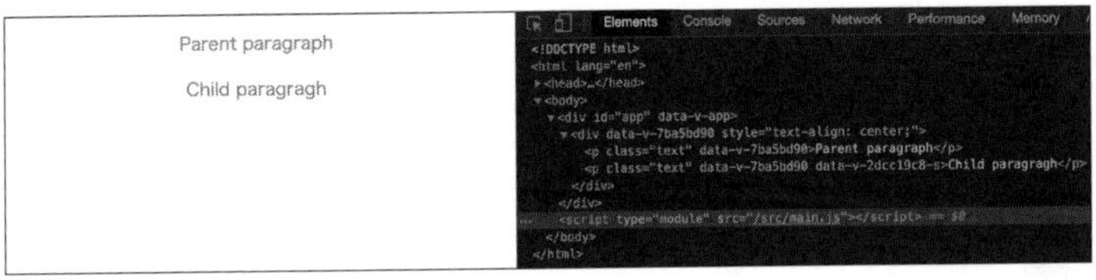

▲図6.6

6.34.2　::v-deep()

スコープ付きCSSを使うと、同じセレクタであっても親コンポーネントで指定したスタイルが子コンポーネントの要素には適用されません。適用させるためにはディープセレクタを使う必要があります。以前のバージョンでは次のように書くことで適用できました。

サンプルコード

Vue 3からは>>>や/deep/、::v-deepの代わりに::v-deep()を使います。ショートハンドだと:deep()となります。

Parent.vue

```
<style scoped>
::v-deep(h1)  {
```

```
  color: #ff1493;
}
:deep(p) {
  color: #db7093;
}
</style>
```

図6.7を見てわかるように子コンポーネントの要素にもスタイルが適用されています。

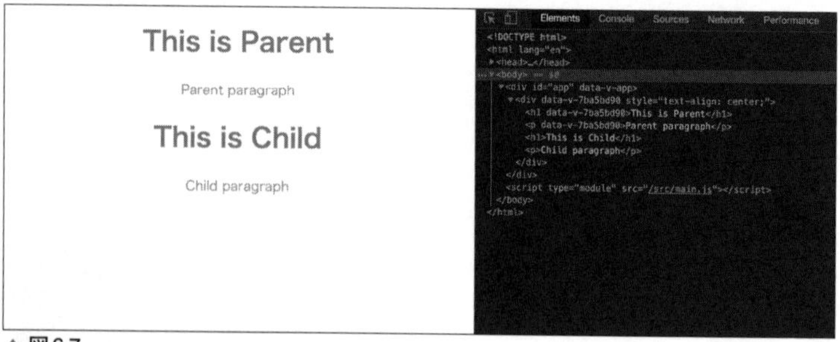

▲ 図6.7

6.34.3 ::v-global()

スコープ付きCSSでCSSを書いているときでもグローバルなスタイルにしたいときもあります。その場合は`::v-global()`（ショートハンドだと`:global()`）を使います。

サンプルコード

```
<style scoped>
::v-global(h1) {
  color: #ff1493;
}
:global(p) {
  color: #db7093;
}
</style>
```

6.34.4　CSS Variables

Vue 3からはSFC (Single File Component) でもCSS Variablesが利用できるようになりました。サンプルコードのとおり、変数に入っているプロパティとcssのプロパティの値とをv-bindでバインドすることでCSSがリアクティブに変更されます。

それぞれのコンポーネントでCSS Variablesを使うことができますが、親コンポーネントで定義したCSS変数を使って子コンポーネントでバインドすることはできない点に注意しましょう。

サンプルコード

```
<script setup>
const data = {
  color: 'blue',
  border: '2px solid #87cefa',
  font: {
    size: '50px'
  }
}
</script>

<template>
  <div style="text-align: center;">
    <h1>This is Parent</h1>
    <p>Parent paragraph</p>
  </div>
</template>

<style scoped>
h1 {
  color: v-bind(data.color);  //data変数の中のcolorプロパティとバインド
  border: v-bind(data.border);  //data変数の中のborderプロパティとバインド
  font-size: v-bind(data.font.size);  //data変数の中のfont.sizeプロパティとバインド
}
</style>
```

setup関数を使わない場合

```
export default {
```

```
  data () {
    return {
      color: 'blue',
      border: '2px solid #87cefa',
      font: {
        size: '80px'
      }
    }
  }
}
</script>

<style scoped>
h1 {
  color: v-bind(color);
  border: v-bind(border);
  font-size: v-bind(font.size);
}
.text {
  color: v-bind(color);
}
</style>
```

デベロッパーツールの［Elements］パネルを見るとコンパイル後はv-bindがvar()に変換されていることがわかります。

▲ 図6.8

第 7 章

Vue.jsの拡張機能を使いたい

Vue.jsでは、拡張機能を追加できます。これにより、繰り返し使用されるコードを簡単に再利用できます。この章では、Vue.jsを拡張するさまざまな方法をご紹介します。

7.1 ミックスインを定義してコンポーネントに導入したい

ミックスイン（mixin）[注1]は、同一のロジックを複数コンポーネントに使える便利な機能です。ミックスインをコンポーネントに導入すると、コンポーネント自身のオプションとミックスインに指定しているオプションが統合されます。

サンプルコード

```
const myMixin = {
  created() {
    console.log('mixin: created')
  },
  data() {
    return {
      source: 'mixin: data'
    }
  },
  methods: {
    hello() {
      console.log('mixin: hello')
    }
  }
}

const app = Vue.createApp({
  mixins: [myMixin]
})
const vm = app.mount('#app')

console.log(vm.source) // -> mixin: data
vm.hello() // -> mixin: hello
<!-- Vue テンプレート -->
```

注1　mixinはVue 3では非推奨です。

```
<div id="app"></div>
```

7.1.1 統合戦略

ミックスインとコンポーネントに重複のオプションが存在する場合は、**表7.1**の戦略で統合されます。

▼表7.1 統合戦略

オプション	統合戦略
data	オブジェクトの再帰マージ
フック関数(created、mountedなど)	順番で関数を呼び出す
オブジェクトが期待されているオプション(methods、components、directivesなど)	同一のオブジェクトに統合(競合する要素が上書きされる)

優先順位としては、コンポーネントの優先順位がミックスインより高いです。オブジェクトに競合がある場合はミックスインの要素が上書きされます。フック関数はミックスインのフック関数が**先に呼び出されています**。

```
const app = Vue.createApp({
  mixins: [myMixin],
  created() {
    console.log('component: created')
  },
  data() {
    return {
      source: 'component: data'
    }
  },
  methods: {
    hello() {
      console.log('component: hello')
    }
  }
})
const anotherVm = app.mount('#app')

// -> mixin: created
// -> component: created
```

```
console.log(anotherVm.source) // -> component: data
anotherVm.hello() // -> component: hello
<!-- Vue テンプレート -->
<div id="app"></div>
```

カスタムオプションの統合戦略

カスタムのオプションを統合する際に、デフォルトでコンポーネントのオプションが上書きされます。Vue.config.optionMergeStrategiesによりカスタムの統合戦略が定義できます。

```
Vue.config.optionMergeStrategies.customOption = (toVal, fromVal) => {
  // 統合された値を返すことが必要
  return mergedVal
}
```

オブジェクトベースのカスタムオプションであれば、methodsと同じ統合戦略を適用できます。

```
const methodStrategy = Vue.config.optionMergeStrategies.methods

Vue.config.optionMergeStrategies.customOption = methodStrategy
```

7.2 クローバルミックスインを定義したい

前節で定義したミックスインは導入する際にコンポーネントに明示的に定義する必要がありますが、グローバルミックスインによりすべてのコンポーネントにミックスインを導入することができます。

NOTE

グローバルミックスインはパッケージにより導入されたコンポーネントを含め、すべてのコンポーネントに適用されるため、控えめに使用することが推奨しています。多くの場合は、カスタムオプションを処理するときのみに使うべきです。

サンプルコード

```
const app = Vue.createApp({})
app.mixin({
  created() {
    console.log('mixin: created')
  },

  data() {
    return {
      source: 'mixin: data'
    }
  },

  methods: {
    hello() {
      console.log('mixin: hello')
    }
  }
})

const vm = app.mount('#app') // -> mixin: created
console.log(vm.source) // -> mixin: data
vm.hello()             // -> mixin: hello
<!-- Vue テンプレート -->
<div id="app"></div>
```


7.3 カスタムディレクティブを定義したい

v-modelやv-show以外のディレクティブを定義することが可能です。コードの再利用や抽出化には主にコンポーネントを使うのですが、低レベルDOMのアクセスが必要な場合はカスタムディレクティブが役に立つでしょう。

サンプルコード

```
// グローバル定義
const app = Vue.createApp({})
app.directive('pin', {
```

```
  beforeMount: function(el, binding, vnode) {
    el.style.position = 'fixed'
    el.style[binding.arg] = binding.value + 'px'
  }
})
app.mount('#app')

// ローカル定義
Vue.createApp({
  directives: {
    pin: {
      beforeMount: function(el, binding, vnode) {
        el.style.position = 'fixed'
        el.style[binding.arg] = binding.value + 'px'
      }
    }
  }
}).mount('#app')
<!-- Vue テンプレート -->
<div id="app">
  <div v-pin:right="10">吾輩は猫である</div>
</div>
```

■実行結果

```
<div id="app">
  <div style="position: fixed; right: 10px;">吾輩は猫である</div>
</div>
```

7.3.1 ディレクティブのフック関数

カスタムディレクティブを定義する際に単一または複数のフック関数を定義することができます。

```
Vue.directive('my-directive', {
  beforeMount(el, binding, vnode) { ... },
  mounted(el, binding, vnode) { ... },
  beforeUpdate(el, binding, vnode) { ... },
  update(el, binding, vnode, oldVnode) { ... },
  updated(el, binding, vnode, oldVnode) { ... },
  beforeUnmount(el, binding, vnode) { ... },
```

```
  unmounted(el, binding, vnode) { ... },
})
```

それぞれのフック関数が呼び出されるタイミングを**表7.2**に記述します。

▼表7.2　フック関数が呼び出されるタイミング

フック関数	呼び出されるタイミング
beforeMount	ディレクティブがHTML要素に紐付けられると呼び出される。一回性の初期化作業はここでやる。1回しか呼び出されない
mounted	要素が親のノードに紐付けられると呼び出される。必ずしも親のノードがページに表示されるとは限らない
beforeUpdate	DOMにパッチが適用される前、データが変更されたときに呼び出される。updateの前に実行される
update	要素が格納したコンポーネントのVNode[注2]に変更があると呼び出される。コンポーネントの子どもが変更前の状態かもしれない。ディレクティブに渡された値が変わらないことがあるので、不要の更新はあらかじめ新旧の値を比較して判断することが必要である
updated	要素が格納したコンポーネントおよび子どものコンポーネントのVNodeが更新されたときに呼び出される
beforeUnmount	アプリケーションの終了時に呼び出される。この段階では、インスタンスはまだ完全に機能している
unbind	ディレクティブが要素との紐付けが解除されたときに呼び出される。1回しか呼び出されない

7.3.2 ディレクティブの引数

el、binding、vnode、oldVnodeという引数の説明を**表7.3**に記述します。

▼表7.3　ディレクティブの引数

引数	説明
el	ディレクティブが紐付けられた要素である。elでDOMを直接操ることができる
binding	オブジェクトである。そのオブジェクトのプロパティは表7.4に記述する
vnode	Vueのコンパイラが生成した仮想ノードである
oldVnode	以前のvnodeである。updateとcomponentUpdatedフック関数にしか渡されない

注2　VNodeとは、Vueの仮想DOMのノードということです。

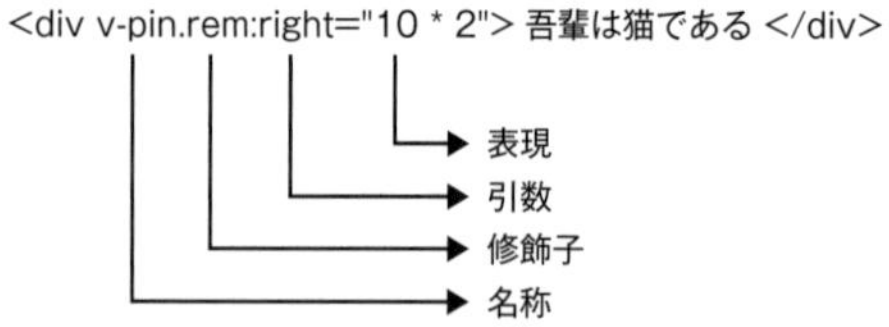

▲図7.1

▼表7.4　bindingのプロパティ

bindingのプロパティ	説明	値
name	v-プレフィックス抜きディレクティブの名称	'pin'
value	ディレクティブに渡された評価した表現	20
oldValue	旧valueの値（updateとcomponentUpdatedのフック関数に限定）	
expression	ディレクティブに渡された表現	'10 * 2'
arg	ディレクティブに渡された引数	'right'
modifiers	ディレクティブに渡された修飾子	'rem'

7.3.3 動的ディレクティブ引数

ディレクティブの引数は、固定の値を定義する代わりコンポーネントのプロパティを引数として使用することも可能です。

```
// ローカル定義
const vm = Vue.createApp({
  data() {
    return {
      direction: 'right'
    }
  }
})
<!-- Vue テンプレート -->
<div v-pin:[direction]="10">吾輩は猫である</div>

<!-- 結果 -->
<div style="position: fixed; right: 10px;">吾輩は猫である</div>
```

7.3.4 ディレクティブの表現

ディレクティブに複数の値を渡す必要がある場合は、オブジェクトを渡すことができます。ディレクティブの表現は有効なJavaScript表現さえあれば受け取ることが可能です。

```
<div id="app">
  <div v-cat="{ name: 'Milk', age: 17 }"></div>
</div>
const app = Vue.createApp({})
app.directive('cat', {
  beforeMount(el, binding, vnode) {
    console.log(binding.value.name) // -> Milk
    console.log(binding.value.age)  // -> 17
  }
}).mount('#app')
```

7.3.5 関数の省略記法

`beforeMount`と`update`に同じ関数を実行し、それ以外のフック関数は使わないケースが多いです。そこで、次のように省略できます。

```
const app = Vue.createApp({})
app.directive('cat', function(el, binding) {
  console.log(binding.value.name) // -> Milk
  console.log(binding.value.age)  // -> 17
}).mount('#app')
```

7.4 レンダー関数を記述したい

大抵のケースでは、VueテンプレートでHTMLを生成することが推奨されるでしょう。しかし、完全なJavaScriptの機能が必要な場合は、レンダー関数でHTMLを生成することもできます。

NOTE

Vueテンプレートを実際に使うときにレンダー関数にコンパイルされています。

書式

まず、シンプルなテンプレートを見てみましょう。

```
<div id="app">
  <template>
    <p>meow</p>
  </template>
</div>
```

上記のテンプレートをレンダー関数に書き換えるとこうなります。

```
const Component = Vue.defineComponent({
  render() {
    return Vue.h('p', 'meow')
  }
})
const app = Vue.createApp(Component)
app.mount('#app')
```

7.4.1 レンダー関数の制限

すべてのVNodeは一意でなければなりません。つまり、以下のレンダー関数は不正です。

```
const Component = Vue.defineComponent({
  render(createElement) {
    const paragraphVNode = Vue.h('p', 'meow')
    return Vue.h('div', [
      // 重複するVNodeはダメ！
      paragraphVNode,
      paragraphVNode
    ])
  }
})
const app = Vue.createApp(Component)
app.mount('#app')
```

どうしても重複するVNodeの使用が必要な場合は、重複するVNodeを生成する関数で実現可能です。

```
const Component = Vue.defineComponent({
  render(createElement) {
    const duplicateVNodes = Array
      .apply(null, { length: 10 })
      .map(() => Vue.h('p', 'meow'))

    return Vue.h('div', duplicateVNodes)
  }
})
const app = Vue.createApp(Component)
app.mount('#app')
```


7.4.2 createElement関数

createElementというのは、VNode（仮想DOMの要素）を生成する関数です。レンダー関数は、必ずVNodeを返すので、createElementを呼び出すとVNodeは戻り値になります。

NOTE

ほかの文書ではcreateElementはhというエイリアスが使われています。hは「hyperscript」の略であり、「HTMLを生成するスクリプト」という意味を表しています。hyperはなぜHTMLを意味するかというと、HTMLはhyper text markup languageの略なので、その単語ごとの頭文字を取って、HTMLを表しています。

createElementの引数

createElementは、引数を3つ受け取ることができます。

```
createElement(
  //【必須】HTML タグ名、コンポーネント、またはいずれを返す非同期関数
  el: String | Object | Function,
  //【任意】el に紐付く属性やプロパティを格納するオブジェクト
  [data: Object],
  //【任意】createElement または文字列で作られた子どもの VNode
```

```
  [children: String | Array]
)
```

dataが指定できるオプションは次のとおりです。

```
const data = {
  // `v-bind:class` と同様です。
  // 文字列、オブジェクト、または配列を受けることができる
  class: {
    hoge: true,
    fuga: false,
  },

  // `v-bind:style` と同様です。
  // 文字列、オブジェクト、または配列を受けることができる
  style: {
    width: '50%',
    backgroundColor: 'black'
  },

  // 通常の HTML 属性
  attrs: {
    id: 'foo',
    type: 'text'
  },

  // コンポーネントのプロパティ
  props: {
    someProp: 'hoga'
  },

  // DOM 属性
  domProps: {
    innerHTML: '<p>meow</p>',
    value: 'foobar'
  },

  // イベントハンドラのオプション
  // イベントハンドラの修飾子（`v-on:click.prevent` など）が対応しない。
  // ハンドラ関数内に手動で確認が必要。
  on: {
```

```
    click(e) {
      e.preventDefault()

      // ...
    }
  },

  // `vm.$emit` からのイベントを監視する代わりに
  // ブラウザのネイティブイベントを監視する。（`v-on.native` と同等）
  // コンポーネントのみのオプション。
  nativeOn: {
    click: this.handleNativeClick
  },

  // カスタムディレクティブ
  directives: [
    {
      name: 'my-directive',
      value: '5',
      expression: '2 + 3',
      arg: 'hoge',
      modifiers: {
        fuga: true
      }
    }
  ],

  // スコープ付きスロット
  // { slotName: props => VNode | Array<VNode> } のフォーマットで定義
  scopedSlots: {
    default: props => createElement('p', props.text)
  },

  // このコンポーネントはほかのコンポーネントの子どもであればスロット名を定義
  slot: 'slot-name',

  // ほかの特殊属性
  key: 'someId',
  ref: 'someRef',
```

```
  // 同じ ref 名を複数要素につけた場合はこれで `$ref.someRef` を配列に⏎
する
  refInFor: true
}
```

createElementでテンプレートを再現する方法の例をいくつか挙げます。

7.4.3 テンプレートをレンダー関数で書き換え

サンプルコード

ネストした要素を複数定義

html

```
<div id="app">
  <template>
    <ul>
      <li>futaba</li>
      <li>milk</li>
      <li>hana</li>
    </ul>
  </template>
</div>
```

JavaScript

```
const Component = Vue.defineComponent({
  render(h) {
    return Vue.h('ul', [
      Vue.h('li', 'futaba'),
      Vue.h('li', 'milk'),
      Vue.h('li', 'hana')
    ])
  }
})
const app = Vue.createApp(Component)
app.mount('#app')
```

classまたはstyle属性を定義

html

```
<div id="app">
```

```
  <template>
    <p class="standard-text" style="font-size: 16px;">
      meow
    </p>
  </template>
</div>
```

JavaScript

```
const Component = Vue.defineComponent({
  render(h) {
    return Vue.h(
      'p',
      {
        // class は予約語であるため、文字列にすることが必要
        'class': 'standard-text',
        style: 'font-size: 24px',
      },
      'meow'
    )
  }
})
const app = Vue.createApp(Component)
app.mount('#app')
```


その他HTML属性を定義

html

```
<div id="app">
  <template>
    <input type="text">
  </template>
</div>
```

JavaScript

```
const Component = Vue.defineComponent({
  render(h) {
    return Vue.h('input', {
    attrs: { type: 'text' }
  })
  }
})
```

```
const app = Vue.createApp(Component)
app.mount('#app')
```

コンポーネントを使用

html

```
<div id="app">
  <template>
    <some-component></some-component>
  </template>
</div>
```

JavaScript

```
// コンポーネントを定義
const someComponent = Vue.defineComponent({ /* ... */})

const Component = Vue.defineComponent({
  render(h) {
    return Vue.h(someComponent)
  }
})
const app = Vue.createApp(Component)
app.mount('#app')
```

テンプレートのディレクティブを再現：v-if

普通の条件分岐により簡単に再現できます。

html

```
<div id="app">
  <template>
    <p v-if="isShown">meow</p>
  </template>
</div>
```

JavaScript

```
const Component = Vue.defineComponent({
  data() {
    return {
      isShown: true
    }
  },
```

```
  render(h) {
    return this.isShown ? Vue.h('p', 'meow') : null
  }
})
const app = Vue.createApp(Component)
app.mount('#app')
```

テンプレートのディレクティブを再現：v-for

ループを回す処理（forやArray.mapなど）で再現することが可能です。

html

```
<div id="app">
  <template>
    <ul>
      <li v-for="cat in cats">{{ cat }}</li>
    </ul>
  </template>
</div>
```


JavaScript

```
const Component = Vue.defineComponent({
  data() {
    return {
      cats: ['futaba', 'milk', 'hana'],
    }
  },
  render(h) {
    return Vue.h('ul', this.cats.map(cat => Vue.h('li', cat)))
  }
})
const app = Vue.createApp(Component)
app.mount('#app')
```

テンプレートのディレクティブを再現：v-bind

コンポーネントのプロパティのみが対象です。style、class、またはHTML属性は前掲の例をご参照ください。

html

```
<div id="app">
  <template>
    <some-component v-bind:some-props="data"></some-component>
```

```
  </template>
</div>
```

JavaScript

```
const Component = Vue.defineComponent({
  render(h) {
    return Vue.h(someComponent, {
      props: { someProps: this.data }
    })
  }
})
const app = Vue.createApp(Component)
app.mount('#app')
```

テンプレートのディレクティブを再現：v-on

html

```
<div id="app">
  <template>
    <button v-on:click="handleClick">Click Me</button>
  </template>
</div>
```

JavaScript

```
const Component = Vue.defineComponent({
  render(h) {
    return Vue.h(
      'button',
      {
        on: { click: this.handleClick }
      },
      'Click Me'
    )
  }
})
const app = Vue.createApp(Component)
app.mount('#app')
```

表7.5のイベント修飾子は、onのオプションにつけられるプレフィックスが用意されています。

▼表7.5　イベント修飾子

修飾子	プレフィックス
.passive	&
.capture	!
.once	~
.capture.onceまたは.once.capture	~!

上記の修飾子はこのように使います。

```
on : {
  '!click': this.handleClick,
  '~keyup': this.handleKeyup,
  '~!mouseover': this.handleMouseover
}
```


ほかのイベントハンドラの修飾子はハンドラ関数に対応が必要です。下記に修飾子の対策をいくつか述べます。

```
handleClick(e) {
  // .stop
  e.stopPropagation()

  // .prevent
  e.preventDefault()

  // .self
  if (e.target !== e.currentTarget) return

  // .enter などキーコード
  if (e.keyCode !== 13) return // enter のキーコードは 13

  // .ctrl などシステム修飾子キー
  if (!e.ctrlKey) return
}
```

テンプレートのディレクティブを再現：v-model

レンダー関数は似ているショートハンドがありません。一方、v-modelはv-on:inputとv-bind:dataの略ですが、個別で再現すればv-modelを再現することが可能です。

v-modelの修飾子は別途の対応が必要です。

```
<div id="app">
  <template>
    <input type="text" v-model="cat">
  </template>
</div>
const Component = Vue.defineComponent({
  render(h) {
    return Vue.h('input', {
      attrs: {
        type: 'text'
      },

      domProps: {
        value: this.cat
      },

      on: {
        input(e) {
          this.cat = e.target.value
        }
      }
    })
  }
})
const app = Vue.createApp(Component)
app.mount('#app')
```

テンプレートのディレクティブを再現：v-slot

vm.$slotsまたはvm.$scopedSlotsにより、スロット機能をレンダー関数に再現できます。使用方法については**5.8.2項**をご参照ください。

7.5 レンダー関数をJSXに書き換えたい

> **NOTE**
>
> こちらのセクションは、レンダー関数をある程度で理解している前提で説明しています。レンダー関数については**7.4節**をご参照ください。

前節のサンプルコードを見ると、レンダー関数はテンプレートより可読性がかなり低いです。そこで、ビルドツール（Webpackなど）を使用した場合はBabelプラグイン（https://github.com/vuejs/jsx）を導入することでJSXを利用可能です。JSXはJavaScriptXMLの略であり、JavaScript記述内にHTML記述を自由に書ける言語拡張機能です。JSXにより、レンダー関数をテンプレートとより近い記述をすることができます。

> **NOTE**
>
> JSX Babel Pluginは、Vue v2.0+かつBabel v7+が必要です。Babel v6の場合はこちらのパッケージ（https://github.com/vuejs/babel-plugin-transform-vue-jsx）をご参照ください。Vue v2.0以前のバージョンはJSXが対応していません。

7.5.1 インストール

まず、npmでパッケージを入れます。

```
$ npm install @vue/babel-preset-jsx @vue/babel-helper-vue-jsx-merge-props
```

そして、.babelrcに以下の行を追加します。

```
{
  "presets": ["@vue/babel-preset-jsx"]
```

```
}
```

これでJSXをVueで使うことができます。

7.5.2 JSXを使用

JSXで書き換えた場合は以下のようになります。

テンプレート

```
<div id="app">
  <template>
    <p>meow</p>
  </template>
</div>
```

レンダー関数（JSXなし）

```
const Component = Vue.defineComponent({
  render() {
    return Vue.h('p', 'meow')
  }
})
const app = Vue.createApp(Component)
app.mount('#app')
```

レンダー関数（JSXあり）

```
const Component = Vue.defineComponent({
  render(h) {
    return <p>meow</p>
  }
})
const app = Vue.createApp(Component)
app.mount('#app')
```

NOTE

JSXでは、createElementよりhの使用が一般的な慣習であり、hをレンダー関数に使っていなくても指定することが必要です。JSX Babelプラグインv3.4.0以降では、const h = this.$createElementを自動で注入するため、h引数を定義する必要はありません。

7.5.3 コンテンツ

レンダー関数に書き換えたプログラムにJSXを導入するとこうなります。

サンプルコード

ネストした要素を複数定義

```
const Component = Vue.defineComponent({
  render(h) {
    return (
      <ul>
        <li>futaba</li>
        <li>milk</li>
        <li>hana</li>
      <ul>
    )
  }
})
const app = Vue.createApp(Component)
app.mount('#app')
```

動的コンテンツを使用

```
const Component = Vue.defineComponent({
  render(h) {
    return <p>Name: { this.cat }</p>
  }
})
const app = Vue.createApp(Component)
app.mount('#app')
```

終了タグなし

```
const Component = Vue.defineComponent({
  render(h) {
    return <input type="text" />
  }
})
const app = Vue.createApp(Component)
app.mount('#app')
```

7

コンポーネントを使用

```
import SomeComponent from './some-component'

const Component = Vue.defineComponent({
  render(h) {
    return <SomeComponent />
  }
})
const app = Vue.createApp(Component)
app.mount('#app')
```

7.5.4 属性

サンプルコード

属性を定義

```
const Component = Vue.defineComponent({
  render(h) {
    // `class` は予約語であるため、`className` にすることが必要
    return (
      <p
        id="first-paragraph"
        className="standard-text"
        style="font-size: 16px;">
        meow
      </p>
    )
  }
})
const app = Vue.createApp(Component)
app.mount('#app')
```

動的属性を定義 (v-bind)

```
const Component = Vue.defineComponent({
  render(h) {
    return <input
      type="text"
      value={this.data}
    />
  }
```

```
})
const app = Vue.createApp(Component)
app.mount('#app')
```

動的属性を定義（スプレッド構文）

createElementのdataオブジェクトとの互換性が必要です。

```
const Component = Vue.defineComponent({
  render(h) {
    const dataObj = {
      attrs: { type: 'text' },
      domProps: { value: this.data }
    }

    return <input {...dataObj} />
  }
})
const app = Vue.createApp(Component)
app.mount('#app')
```


7.5.5 ディレクティブ

サンプルコード

条件分岐（v-if）

```
const Component = Vue.defineComponent({
  render(h) {
    return this.isShown ? <p>meow</p> : null
  }
})
const app = Vue.createApp(Component)
app.mount('#app')
```

ループ（v-for）

```
const Component = Vue.defineComponent({
  render(h) {
    const catList = this.cats.map(cat => <li>{ cat }<li>)

    return <ul>{ catList }</ul>
```

```
  }
})
const app = Vue.createApp(Component)
app.mount('#app')
```

イベントハンドラ (v-on)

```
const Component = Vue.defineComponent({
  render(h) {
    return <button vOn:click={this.handleClick}>Click Me</button>
  }
})
const app = Vue.createApp(Component)
app.mount('#app')
```

修飾子も対応します。

```
const Component = Vue.defineComponent({
  render(h) {
    return <button vOn:click_prevent={this.handleClick}>Click Me</button>
  }
})
const app = Vue.createApp(Component)
app.mount('#app')
```

双方向データバインド (v-model)

```
const Component = Vue.defineComponent({
  render(h) {
    return <input type="text" vModel={this.cat}>
  }
})
const app = Vue.createApp(Component)
app.mount('#app')
```

修飾子も対応します。

```
const Component = Vue.defineComponent({
  render(h) {
    return <input type="text" vModel_trim={this.cat}>
  }
```

```
})
const app = Vue.createApp(Component)
app.mount('#app')
```

v-html

```
const Component = Vue.defineComponent({
  render(h) {
    return <div domPropsInnerHtml={html}>
  }
})
const app = Vue.createApp(Component)
app.mount('#app')
```

7.5.6 スロット

7

サンプルコード

```
const Component = Vue.defineComponent({
  render(h) {
    return <div>{ this.$slots.default }</div>
  }
})
const app = Vue.createApp(Component)
app.mount('#app')
```

名前付きスロット

```
const Component = Vue.defineComponent({
  render(h) {
    return (
      <SomeComponent>
        <header slot="header">header</header>
        <footer slot="footer">footer</footer>
      </SomeComponent>
    )
  }
})
const app = Vue.createApp(Component)
app.mount('#app')
```

スコープ付きスロット

```
const Component = Vue.defineComponent({
  render(h) {
    const scopedSlots = {
      header: (props) => <header>{ props.headerText }</header>,
      footer: (props) => <footer>{ props.footerText }</footer>,
      default: (props) => <p>{ props.mainText }</p>
    }

    return <SomeComponent scopedSlots={scopedSlots} />
  }
})
const app = Vue.createApp(Component)
app.mount('#app')
```

関数型コンポーネント

export defaultまたはパスカルケース（PascalCase）かつアロー関数を使った場合は、自動で関数型コンポーネントとしてコンパイルされます。

```
export default ({ props }) => <p>Cat: {props.catName}</p>
const CatName = ({ props }) => <p>Cat: {props.catName}</p>
```

7.6 Vueのプラグインを導入したい

app.use()によりプラグインを導入することができます。Vueインスタンスを生成する前に導入することが必要です。同じプラグインをapp.use()に渡しても1回しか入りません。

一部のVueプラグイン（vue-routerなど）はVueがグローバル空間に存在すると自動でインストールするのですが、モジュールシステムが導入されている環境では明示的にapp.use()を呼び出すことが必要です。

人気のあるVueプラグインやライブラリは、**第10章**で一部を紹介します。

サンプルコード

```
// MyPlugin というプラグインを導入
const app = Vue.createApp({})
```

```
app.use(MyPlugin)

// オプションを渡す
app.use(PluginWithOptions, { someOption: true })

app.mount( ... )
```

7.7 プラグインを作りたい

プラグインを作る際には、install()というメソッドが必要です。プラグインをapp.use()（**7.6節**）に渡す際にはinstall()メソッドが呼び出されます。Vueというコンストラクタがそのメソッドに渡されて、プラグインのさまざまなAPIをVueに紐付けることができます。

サンプルコード

```
const MyPlugin = {
  install(app, options) {
    // グローバルメソッドを追加
    app.myGlobalMethod = (globalMethodOptions) => {
      console.log('myGlobalMethod')
    }

    // クローバルプロパティを追加
    app.myGlobalProp = 'myGlobalProp'

    // グローバルミックスインを追加（フック関数など）
    app.mixin({
      created() {
        console.log('mixin: created')
      }
    })

    // インスタンスのプロパティを追加
    app.config.globalProperties.$myProp = 'myProp'

    // インスタンスのメソッドを追加
    app.config.globalProperties.$myMethod = (methodOptions) => {
```

```
      console.log('myMethod')
    }
  }
}

const app = Vue.createApp({})
app.use(MyPlugin)

app.myGlobalMethod('hoge')    // -> myGlobalMethod
console.log(app.myGlobalProp) // -> myGlobalProp

console.log(app.config.globalProperties.$myProp)       // -> myProp
app.config.globalProperties.$myMethod()                // -> myMethod

app.mount('#app')          // -> mixin: created
```

COLUMN

Vueの名前の由来はフランス語？

Vue.jsの「Vue」という単語の意味をご存じでしょうか。あまり見慣れない単語だと思います。それもそのはず、Vueという単語は英語ではなくフランス語なのです。Vueは名詞だと「視覚」「眺め」（英語で言うsight）といった意味で、動詞になると「見た」「見られる」（英語で言うseen）といった意味になります。Vue.jsの特徴と言えば値を監視し変更を検知するリアクティブシステムですが、その監視する・見るといった意味からVueという単語が採用されたのかもしれませんね。

Evan You氏が昨年リリースしたバンドルツール「Vite（ヴィト）」もまたフランス語です。Viteは非常に高速なことが特徴であり、フランス語の意味も特徴通り「速い」です。また、今年リリースされたサクッと手軽に使える超軽量版Vueである「petite-vue」の「petite」もフランス語で、小さいという意味です。もしかするとVue.jsの制作陣はフランス好きなのかもしれません。

第8章

Vue Routerとは

8.1 Vue Routerとは

Vue.jsでシングルページアプリケーションを実現するための拡張ライブラリです。これによって、URLによってコンポーネントを切り替えたり、コンポーネント内でクエリの内容を使うことができます。

それでは、さっそくインストールしてみましょう。

8.2 インストール

インストールの方法は、新規プロジェクト作成時にnpm install vue@latestなどで始めにVue Routerを選択するか、既存のプロジェクトにあとからインストールする2通りがあります。

以下は既存プロジェクトにあとからVue Routerをインストールする手順を紹介します。既存プロジェクトには以下の2つのコンポーネントがある想定です。

- /src/components/HelloWorld.vue
- /src/components/Cat.vue

Vue 3に対応するのはVue Router 4ですので、バージョンを指定してインストールします。

```
npm install vue-router@4
```

インストールができたら、/src/routes/index.jsを追加します。

```
import { createRouter, createWebHistory } from 'vue-router'
import HelloWorld from '@/components/HelloWorld.vue'
import Cat from '@/components/Cat.vue'

const routes = [
  { path: '/', component: HelloWorld },
  { path: '/cat', component: Cat },
]
```

```
const router = createRouter({
  history: createWebHistory(),
  routes,
})

export default router
```

次に、/src/main.jsに上記で作成したrouterを使用する記述を追加します。

```
import { createApp } from 'vue'
import App from './App.vue'
import router from './routes/index.js'

createApp(App)
  .use(router)
  .mount('#app')
```


最後に/src/App.vueを記述します。

```
<template>
  <router-view></router-view>
</template>
```

これで、URLに応じてコンポーネントが切り替わるようになりました。

■実行結果

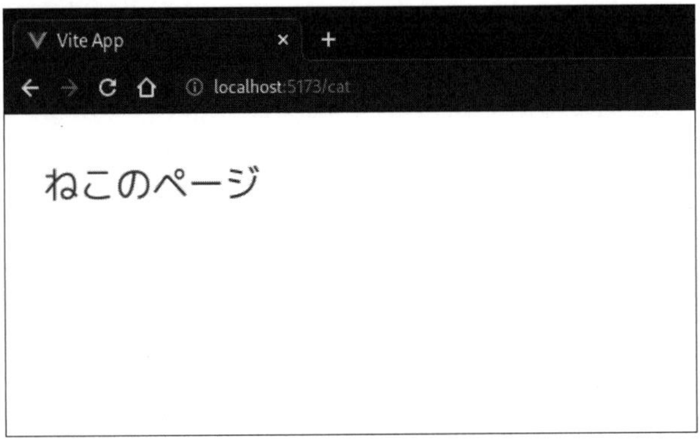

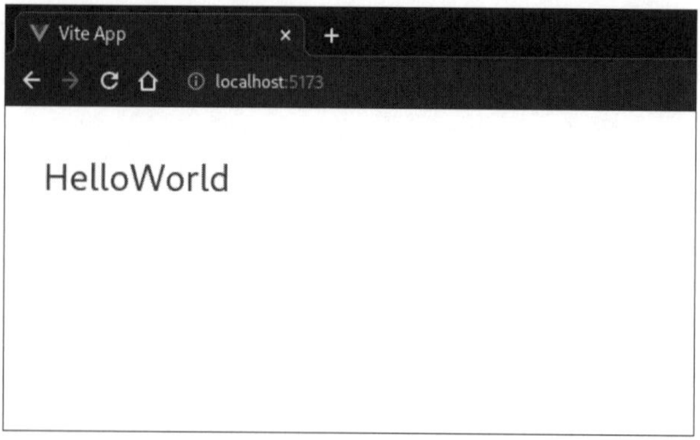

8.3 ダイナミックインポートの使用

routesのコンポーネントをダイナミックインポートすることができます。

```
const routes = [
  { path: '/', component: () => import('@/components/HelloWorld.vue') },
  { path: '/cat', component: () => import('@/components/Cat.vue') },
]
```

筆者はこちらのほうが以下のメリットから好みであるため、以降のサンプルはダイナミックインポートを使用した方法で記述しています。

メリットとしては、以下の2点があります。

1. 可読性が高い
2. コンパイル時のファイルがルートごとに分割される

```
$ npm run build

vue-project@0.0.0 build

> vite build

vite v3.0.9 building for production...
```

```
✓ 29 modules transformed.
dist/index.html                      0.42 KiB
dist/assets/HelloWorld.b61365b8.js   0.20 KiB / gzip: 0.18 KiB
dist/assets/Cat.76c1c5cc.js          0.19 KiB / gzip: 0.17 KiB
dist/assets/index.8e761148.css       1.96 KiB / gzip: 0.75 KiB
dist/assets/index.4cb19ae5.js        75.22 KiB / gzip: 29.94 KiB
```

8.4 同一コンポーネントを使って表示内容を変えたい（動的ルーティング）

たとえば、cat/milkとcat/hanaでは表示する値は異なるがレイアウトは同一のため同一のコンポーネントを使いたいという場合、パスの中に動的なセグメントを指定することで実現できます。

サンプルコード

/src/routes/index.js

```
{ path: '/cat/:name', component: () => import('@/components/Cat.vue') },
```

Cat.vue

```
<script setup>
import { useRoute } from 'vue-router'

const route = useRoute()
</script>

<template>
  <h1> {{ route.params.name }}</h1>
</template>
```

pathに:nameを含めることで、route.paramsに:nameに当たる値がセットされます。

■実行結果

/cat/milkにアクセスした場合

/cat/hanaにアクセスした場合

このように、同一のコンポーネントを使用して表示内容を変えることができます。また、1つのパスに複数の動的なセグメントを指定することもできます。

```
{ path: '/cat/:name/:sex', component: () => import('@/components/Cat.vue') },
```

8.4.1 パラメータの変更の検知

同一のコンポーネントをパスによって再利用する場合には、注意することがあります。/cat/milkから/cat/hanaへリンクで遷移する際、同一のコンポーネントを使用しているために、インスタンスの破棄と生成が行われません。これは、インスタンスのライフサイクルが呼ばれないためで、たとえばonMountedで指定した処理は同一コンポーネントの再利用時には呼び出されません。

検知する方法には、watchとonBeforeRouteUpdateの2通りの方法があります。ここではwatchを使用した場合のサンプルコードを掲載します。

サンプルコード

/src/App.vueでリンクボタンを配置

```
<template>
  <div class="row">
    <router-link to="/">home</router-link> |
    <router-link to="/cat/milk">みるく</router-link> |
    <router-link to="/cat/hana">はな</router-link>
  </div>
  <router-view></router-view>
</template>
```


次に、/src/components/Cat.vueにonMountedでコンソールにログを残す処理とwatchでルートの変更を検知する処理を記述します。

```
<script setup>
import { onMounted, watch } from 'vue'
import { useRoute } from 'vue-router'

const route = useRoute()

const showConsoleLog = () => console.log('active.')

// インスタンス再利用時にパラメータの値が変わっているかで処理を実行する
watch(() => route.params, (to, from) =>  {
  if (to.name !== from.name) showConsoleLog()
})

// インスタンス生成時に呼ばれる
onMounted(() => showConsoleLog())
</script>

<template>
```

```
  <h1> {{ route.params.name  }}</h1>
</template>
```

8.4.2 404 Not Foundルート

404ページを表示するには、まずすべてが404のコンポーネントにマッチするように指定して、その後にパスを指定することで実現できます。すべてにマッチさせるには'*'を指定すれば実現できます。

サンプルコード

src/components/NotFound.vueを作成します。

```
<template>
  <h1> 404 Not Found</h1>
</template>
```

src/routes/index.jsにルートを記述します。

```
{ path: '/:pathMatch(.*)*', component: () => import('@/components/
NotFound.vue') },
```

■実行結果

/dogにアクセスした場合

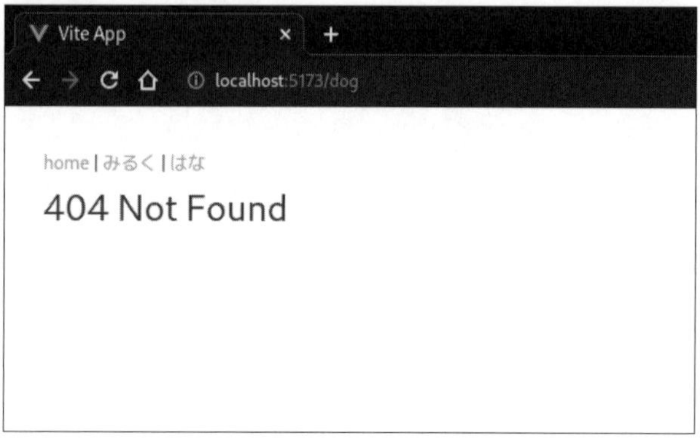

8.5 ネストされたルート

実際のアプリケーションでは、コンテンツを表示する際にヘッダーやメニューバーを表示し、その中のコンテンツをパスによって切り替えることがよくあると思います。このようにコンテンツの中にコンテンツを表示することもvue-routerで再現できます。

サンプルコード

以下の2つのファイルを作成します。

- /src/components/Cat/Profile.vue
- /src/components/Cat/Image.vue

Profile.vue

```
<script setup>
import { computed } from 'vue'
import { useRoute } from 'vue-router'

const route = useRoute()

const isMilk = computed(() => route.params.name === 'milk')
</script>

<template>
  <ul v-if="isMilk">
    <li>みるく</li>
    <li>役職：部長</li>
    <li>年齢：16才</li>
    <li>性別：男の子</li>
    <li>紹介：茶トラ3兄弟の長男、ふっくらもちもちボディに丸く愛嬌のある顔の我が社の猫営業部長。猫営業部随一の食いしん坊です。</li>
  </ul>
  <ul v-else>
    <li>はな</li>
    <li>役職：課長</li>
    <li>年齢：16才</li>
    <li>性別：男の子</li>
    <li>紹介：茶トラ3兄弟の次男、吊り目で精悍な目付きと鼻の頭の一本線がクールな次男坊。甘えん坊のイケメンです。</li>
```

```
  </ul>
</template>
```

Image.vue

```
<script setup>
import { computed } from 'vue'
import { useRoute } from 'vue-router'

const route = useRoute()

const isMilk = computed(() => route.params.name === 'milk')
</script>

<template>
  <img
    v-if="isMilk"
    src="https://www.qnote.co.jp/wp-content/themes/qnote-theme2021/↩
images/cats/milk.jpg" />
  <img
    v-else
    src="https://www.qnote.co.jp/wp-content/themes/qnote-theme2021/↩
images/cats/hana.jpg" />
</template>

<style scoped>
img {
  width: 80vh;
}
</style>
```

Cat.vueにプロフィールと写真へのリンクを追加します。

```
<script setup>
import { useRoute } from 'vue-router'
const route = useRoute()
</script>

<template>
  <h1> {{ route.params.name  }}</h1>
```

```
  <div class="row">
    <router-link :to="`/cat/${route.params.name}/profile`" class="col">プロフィール</router-link> |
    <router-link :to="`/cat/${route.params.name}/image`" class="col">写真</router-link>
  </div>

  <router-view></router-view>
</template>
```

/src/routes/index.jsにルートを追加します。

```
{
  path: '/cat/:name',
  component: () => import('@/components/Cat.vue'),
  children: [
    {
      path: 'profile',
      component: () => import('@/components/Cat/Profile.vue'),
    },
    {
      path: 'image',
      component: () => import('@/components/Cat/Image.vue'),
    },
  ]
},
```

■実行結果

［みるく］をクリック後に［プロフィール］をクリックした場合

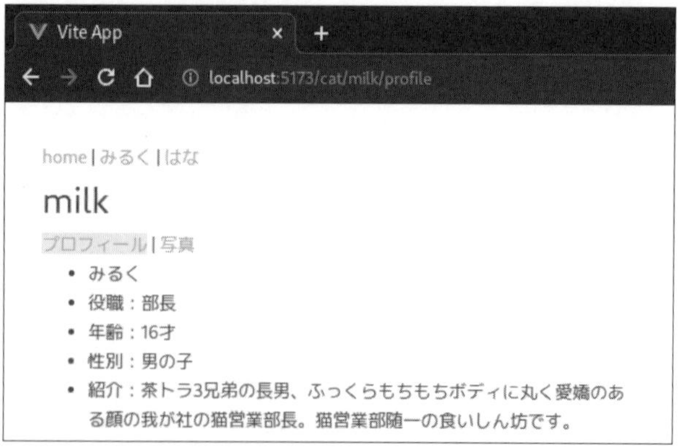

［みるく］をクリック後に［写真］をクリックした場合

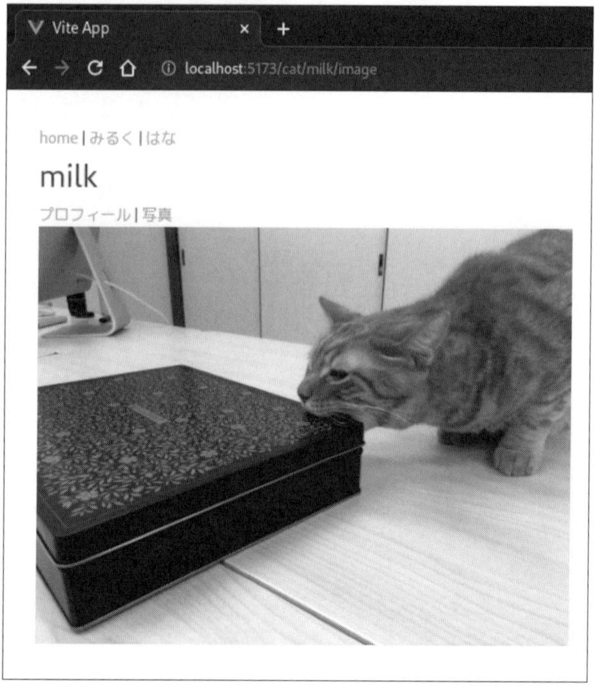

［はな］をクリック後に［プロフィール］をクリックした場合

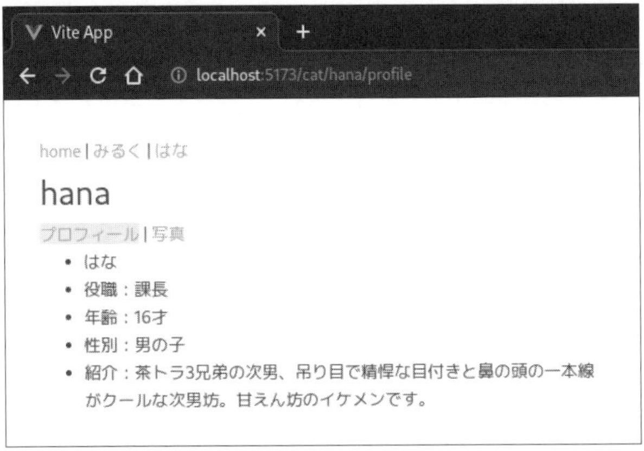

［はな］をクリック後に［写真］をクリックした場合

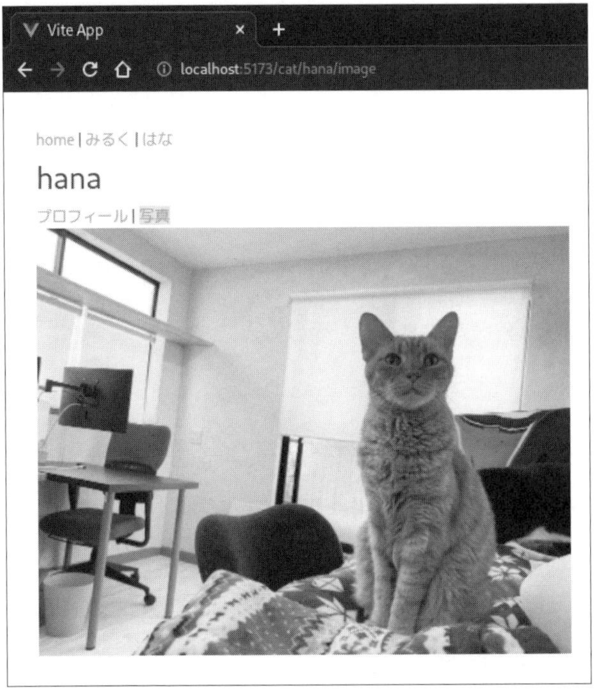

8.6 プログラムによるナビゲーションを指定したい

router-linkタグを使用する方法のほかにもuseRouterを使用してナビゲーションを行うことができます。

先ほど作成したCat.vueのプロフィールと写真のナビゲーションを書き換えてみます。

```
<script setup>
import { useRoute, useRouter } from 'vue-router'

const route = useRoute()
const router = useRouter()
const onProfileClick = () => {
  router.push(`/cat/${route.params.name}/profile`)
}
const onImageClick = () => {
  router.push(`/cat/${route.params.name}/image`)
}
</script>

<template>
  <h1> {{ route.params.name  }}</h1>

  <div class="row">
    <button @click="onProfileClick">プロフィール</button> |
    <button @click="onImageClick">写真</button>
  </div>

  <router-view />
</template>
```

ブラウザの戻る、進むと行った動作も再現できます。

```
const goBack = () => router.go(-1)
const goPrev = () => router.go(1)
<div>
  <button @click="goBack">戻る</button> |
  <button @click="goPrev">進む</button>
```

```
</div>
```

8.7 ルートに名前を指定したい（名前付きルート）

routerにnameを設定すれば、nameでのナビゲーションもできます。

サンプルコード

プロフィールと写真のルートにそれぞれnameを設定します。

```
children: [
  {
    path: 'profile',
    name: 'CatProfile',
    component: () => import('@/components/Cat/Profile.vue'),
  },
  {
    path: 'image',
    name: 'CatImage',
    component: () => import('@/components/Cat/Image.vue'),
  },
]
```

<router-link>の場合

```
<router-link :to="{ name: catProfile, params: route.params }">プロフィール</router-link>
```

useRouter()の場合

```
const onProfileClick = () => {
  router.push({ name: 'CatProfile', params: route.params })
}
```

8.8 複数のビューを表示させたい（名前付きビュー）

componentsをrouterに指定することで、同一のパスに複数のコンポーネントを指定することもできます。

次のサンプルコードでは、Navi.vueを/と/cat/配下に表示させるようにしてみます。

サンプルコード

/src/components/Navi.vueを作成します。

```
<script setup>
import { useRouter } from 'vue-router'

const router = useRouter()

const onHomeClick = () => router.push('/')
const onCatLinkClick = (name) => {
  router.push({
    name: 'catProfile',
    params: { name },
  })
}
</script>

<template>
  <div class="row">
    <a @click="onHomeClick" class="col">Home</a> |
    <a @click="onCatLinkClick('milk')" class="col">みるく</a> |
    <a @click="onCatLinkClick('hana')" class="col">はな</a> |
  </div>
</template>
```

/src/routes/index.jsの`/`と`/cat/:name`のパスを`components`に変えて`navi`を指定します。

```
const routes = [
  {
    path: '/',
    components: {
      default: () => import('@/components/HelloWorld.vue'),
      navi: () => import('@/components/Navi.vue'),
    },
  },
```

```
{
  path: '/cat/:name',
  components: {
    default: () => import('@/components/Cat.vue'),
    navi: () => import('@/components/Navi.vue'),
  },
  children: [
      ...
```

最後にApp.vueにname='navi'を指定した<router-view>を追加します。これにより、componentsで指定したnameに一致するコンポーネントが描画されます。

```
<router-view name='navi' />
<router-view />
```

<router-view>にnameの指定がない場合は、defaultが適用されます。

8.9 リダイレクトとエイリアスを設定したい

8.9.1 リダイレクト

redirectを指定することでリダイレクトをすることができます。

サンプルコード

```
// path で指定する場合
{ path: '/old', redirect: '/new' },

// 名前付きルートで指定する場合
{ path: '/old', redirect: { name: 'New' }},
```

また、次のように動的なリダイレクトを行うことが可能です。toのfunctionでは古いパスに与えられたquery/hash/paramsを受け取ることができます。返り値としてpathまたはlocationを設定する必要があります。

```
{ path: '/old/:id', redirect: to => {
```

```
  { query, hash, params } = to
  // /old/123?to=foo へアクセスすると、/foo へリダイレクトします
  if (query.to === 'foo') return { path: '/foo', query: null }

  // /old/123#bar へアクセスすると、/bar へリダイレクトします
  if (hash === '#bar' ) return '/bar'

  // /old/123 へアクセスすると、/new/123 へリダイレクトします
  // /old へアクセスすると、/new へリダイレクトします
  return params.id
    ? '/new/:id'
    : '/new'
}}
```

8.9.2 エイリアス

リダイレクトでは、古いパスを新しいパスに遷移させるのに対して、エイリアスは古いパスのままで、新しいコンポーネントにアクセスさせることができます。

サンプルコード

```
import New from './components/New.vue'

const routes = [
  { path: '/new', component: New, alias: '/old' }
]
```

/newと/oldのいずれにアクセスした場合でも、同じNewコンポーネントにアクセスされます。

8.10 ルートのプロパティをpropで受け取る

:nameをroute.paramsで受け取っていましたが、propで受け取ることもできます。

また、propsを設定する方法は次の3パターンがあります。

8.10.1　Booleanモード

propsにtrueを設定することでroute.paramsをプロパティとして渡すことができます。

サンプルコード

```
const routes = [
  ...
  {
    path: '/cat/:name',
    components: {
      ...
    },
    props: true,
    children: [
      ...
```

```
<script setup>
...
const props = defineProps({
  name: String,
})

const onProfileClick = () => {
  router.push({
    name: 'CatProfile',
    params: { name: props.name },
  })
}
...
</script>
```


8.10.2　Objectモード

propsにオブジェクトを設定した場合、オブジェクトがそのままコンポーネントのプロパティとして設定されます。固定値をプロパティとして渡す場合に有効な手段となります。

サンプルコード

```
{
  path: '/cat',
  component: () => import('@/components/Cat.vue'),
  props: { msg: 'this is prop msg.' },
},
```

8.10.3 Nameを指定する

routesで複数のコンポーネントを指定している場合、nameでpropsが指定できます。

```
components: {
  default: HelloWorld,
  navi: Navi,
},
props: {
  default: true,
  navi: false,
},
```

nameとObjectモードを合わせることもできます。

```
props: {
  default: { msg: 'this is prop msg.' },
  navi: false,
},
```

8.10.4 Functionモード

propsに関数を指定することができます。

サンプルコード

```
{
  path: 'profile',
  name: 'CatProfile',
  component: () => import('@/components/Cat/Profile.vue'),
  props: route => ({ isMilk: route.params.name === 'milk' }),
```

```
},
```

definePropsで受け取ることができます。

```
defineProps({
  isMilk: Boolean,
})
```

/index?user_name=hogeは{ userName: 'hoge' }として、Indexコンポーネントのプロパティに渡されます。

8.11 historyのモード

VueRouterには、hashモードとHTML5モード、memoryモードの3種類が存在します。

表8.1は同じpath: '/'にアクセスした場合のURLの比較です。

▼**表8.1** historyのモード

モード	URL
hash	loaclhost:3000/#/
HTML5	localhost:3000/
memory	localhost:3000/

memoryモードのURLは、HTML5モードと同じですが、ブラウザとの対話が想定されておらず、Node環境やSSRで使用することを想定しています。

8.11.1 HTML5モードに切り替える

次のようにhistoryを追記することでモードを切り替えられます。

```
import { createRouter, createWebHistory } from 'vue-router'

const router = createRouter({
  history: createWebHistory(),
  routes: [
```

```
    ...
  ],
})
```

しかし、これだけでは直接URLを指定した場合に404エラーになってしまうため、サーバの設定も必要になります。

Apacheの場合

```
<IfModule mod_negotiation.c>
  Options -MultiViews
</IfModule>

<IfModule mod_rewrite.c>
  RewriteEngine On
  RewriteBase /
  RewriteRule ^index\.html$ - [L]
  RewriteCond %{REQUEST_FILENAME} !-f
  RewriteCond %{REQUEST_FILENAME} !-d
  RewriteRule . /index.html [L]
</IfModule>
```

Firebaseの場合

以下をfirebase.jsonに追加します。

```
{
  "hosting": {
    "public": "dist",
    "rewrites": [
      {
        "source": "**",
        "destination": "/index.html"
      }
    ]
  }
}
```

8.12 ナビゲーションガードで遷移を制御したい

ナビゲーションガードを使うことで、遷移する前にユーザ認証を行い、結果によって遷移先をログイン画面に変更したり、データの読み込みが終わるまで遷移を待たせたりなどが可能になります。

8.12.1　ガードで使用される引数

▼表8.2　ガードで使用される引数

ガードで使用される引数	内容
to	遷移後のルートオブジェクト
from	遷移前（現在）のルート
next	フックを解決するために呼び出される関数

8.12.2　グローバルビフォーガード

すべてのルートに対して適用されます。ユーザ認証などのすべてのルートで共通して行いたい処理を行う場合に記述します。

```
router.beforeEach((to, from, next) => {
  // ...
})

router.beforeResolve((to, from, next) => {
  // ...
})

router.afterEach((to, from) => {
  // ...
})
```

beforeEachは、コンポーネント読み込み前・遷移前に実行される処理です。ログイン認証の結果によって遷移先を変えるなどは、ここに記述することが多いのではないでしょうか。

次のサンプルコードでは、/dashboardにアクセスした場合に、window.userがなければ/loginにリダイレクトさせる例を紹介します。

サンプルコード

次の2つのファイルを作成します。

- /src/components/Login.vue
- /src/components/Dashboard.vue

Login.vue

```
<script setup>
import { ref } from 'vue';
import { useRouter } from 'vue-router';

const router = useRouter()

const username = ref('')

const login = () => {
  window.user = username
  router.push('/dashboard')
}
</script>

<template>
  <h1>Login</h1>
  <form
    class="form"
    @submit.prevent="login">
    <input
      v-model="username"
      type="text" />
    <button>Login</button>
  </form>
</template>
```

Dashboard.vue

```
<template>
  <h1>Dashboard</h1>
</template>
```

/src/routes/router.jsにログインページとダッシュボードへのルートを設定します。

```
const router = [
  ...
  {
    path: '/login',
    name: 'Login',
    component: () => import('@/components/Login.vue'),
  },
  {
    path: '/dashboard',
    name: 'Dashboard',
    components: {
      default: () => import('@/components/Dashboard.vue'),
      navi: () => import('@/components/Navi.vue'),
    },
    meta: {
      requiredAuth: true,
    },
  },
  ...
]

...

router.beforeEach((to, from) => {
  if (to.meta.requiredAuth && !window.user) {
    return { name: 'Login' }
  }
})

export default router
```

■実行結果

ナビゲーションにダッシュボードのリンクが追加されている

ダッシュボードをクリックするとログイン画面に遷移する

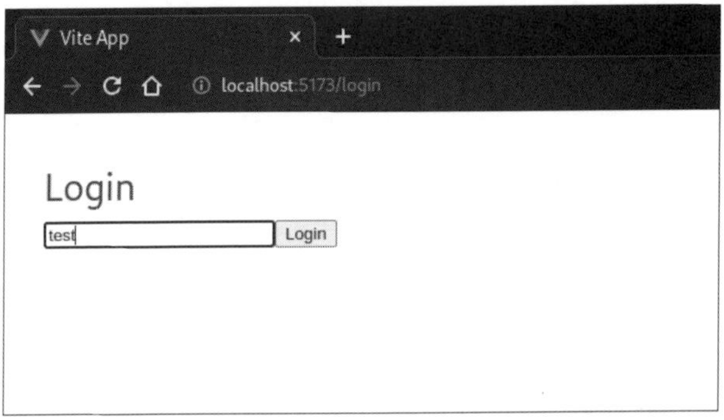

ログイン画面でテキストボックスに値を入れて、ログインボタンを押すとダッシュボードが表示される

ルート単位ガード

直接ルートごとにガードを指定することもできます。

```
const router = new VueRouter({
  routes: [
    {
      path: '/foo',
      component: Foo,
      beforeEnter: (to, from, next) => {
        // ...
      }
    }
  ]
})
```

コンポーネント内ガード

直接コンポーネントにガードを指定することもできます。

- onBeforeRouteUpdate：このコンポーネントを描画するパスが変更された場合にフックする
- onBeforeRouteLeave：このコンポーネントを描画するパスから離れる際にフックする

```
<script setup>
  onBeforeRouteUpdate (to, from, next) {
    // このコンポーネントを描画するルートが変更されたときに呼び出されますが、
    // このコンポーネントは新しいルートで再利用されます。
    // たとえば、動的な引数 `/foo/:id` を持つルートの場合、`/foo/1` と `/foo/2` の間を移動すると、
    // 同じ `Foo` コンポーネントインスタンスが再利用され、そのときにこのフックが呼び出されます。
    // `this` でコンポーネントインスタンスにアクセスできます。
  },
  onBeforeRouteLeave (to, from, next) {
    // このコンポーネントを描画するルートが間もなく
    // ナビゲーションから離れていくときに呼ばれます。
    // `this` でのコンポーネントインスタンスへのアクセスができます。
  }
</script>
```

なお、Composition APIではbeforeRouteEnterのコンポーネントガードは存在しません。理由としては、setupが実行されるのがナビゲーション完了後だからのようです。

次のようにsetup()と並列にbeforeRouteEnterを記述すればコンポーネント内でも使用できるようですが、<script setup>の場合はコンポーネント内でbeforeRouteEnterのガードを指定することはできないようです。

```
<script>
  setup() {},
  beforeRouteEnter() {},
</script>
```

8.13 ルートメタフィールドを使用する

ルートメタデータを指定することにより、特定のルートに追加情報を追加できます。特定のルートにメタ情報を追加するには、ルートオブジェクトにメタプロパティを追加するだけです。

サンプルコード

```
{
  path: '/about',
  component: About,
  meta: { title: 'About' }
},
```

メタプロパティは、$route.metaに格納されています。

```
<script setup>
import { useRoute } 'VueRouter'

const route = useRoute()
</script>

<template>
  <div class="about">
    <h1>This is an {{ route.meta.title }} page</h1>
```

```
  </div>
</template>
```

8.14 トランジションを使用したい

<router-view>にv-slotを設定し、<transition>を内部に記述することで、トランジションを使用できます。

■書式

```
<router-view v-slot="{ Component }">
  <transition>
    <component :is="Component" />
  </transition>
</router-view>
```


8.14.1 ルート単位でトランジションを設定する

上記のように、<router-view>を<transition>で囲った場合、すべてのルートにトランジションが適用されてしまいます。ルート単位で指定する場合は、routesのmetaで設定することができます。

サンプルコード

```
const routes = [
  {
    path: '/',
    component: Home,
    meta: { transition: 'slide-left' },
  },
  {
    path: '/about',
    component: About,
    meta: { transition: 'slide-right' },
  },
]
```

```
<router-view v-slot="{ Component, route }">
```

```
  <transition :name="route.meta.transition || 'fade'">
    <component :is="Component" />
  </transition>
</router-view>
```

8.14.2 ルートベースの動的トランジション

アフターナビゲーションを使用することで、動的にトランジションを切り替えることもできます。

サンプルコード

```
<router-view v-slot="{ Component, route }">
  <transition :name="route.meta.transitionName">
    <component :is="Component" />
  </transition>
</router-view>
```

```
router.afterEach((to, from) => {
  const toDepth = to.path.split('/').length
  const fromDepth = from.path.split('/').length
  to.meta.transitionName = toDepth < fromDepth ? 'slide-right' : 'slide-left'
})
```

8.14.3 再利用コンポーネントのトランジション

コンポーネントをパスによって再利用している場合にトランジションを使用するには、:keyにルートパスを渡すことで行うことができます。

```
<router-view v-slot="{ Component, route }">
  <transition name="slide" mode="out-in">
    <component :is="Component" :key="route.path" />
  </transition>
</router-view>
```

次のサンプルコードでは、ここまで使っていたプロジェクトにトランジションを追加する例を記述します。

サンプルコード

/src/components/App.vueにtransitionを適用する

```
<template>
  <router-view name='navi' />

  <router-view v-slot="{ Component, route }">
    <transition name="slide" mode="out-in">
      <component :is="Component" :key="route.path" />
    </transition>
  </router-view>
</template>

<style scoped>
.slide-enter-active,
.slide-leave-active {
  transition: opacity 1s, transform 1s;
}
.slide-enter-from,
.slide-leave-to {
  opacity: 0;
  transform: translateX(-30%);
}
</style>
```


/src/components/Cat.vueの<template>内を<div>で囲う

```
<template>
  <div>
    <h1> {{ route.params.name  }}</h1>

    <div class="row">
      <button @click="onProfileClick">プロフィール</button> |
      <button @click="onImageClick">写真</button>
    </div>

    <router-view />
  </div>
</template>
```

これで、「みるく」や「はな」のプロフィールや写真にアクセスした際にトランジションが適用されます。

■実行結果

ページ遷移時にスライドして消え、スライドで表示される

8.15 ナビゲーション後にデータを取得する

ナビゲーション後に、データを取得している間は、ローディング状態を表示するとよいでしょう。

サンプルコード

```
<script setup>
import { reactive, watch } from 'vue';
import { useRoute } from 'vue-router';

const route = useRoute()

defineProps({
  msg: String
})

const state = reactive({
  loading: true,
  error: null,
  post: null,
})

const fetchData = async () => {
  state.error = state.post = null
  state.loading = true

  await getPost(route.params.id, (err, post) => {
    state.loading = false

    if (err) {
      state.error = err.toString()
    } else {
      state.post = post
    }
  })
}

watch(
  () => route.params.id,
```

```
  () => {
    fetchData()
  },
  { immediate: true }
)
</script>
<template>
  <div class="post">
    <div v-if="state.loading" class="loading">Loading...</div>

    <div v-if="state.error" class="error">{{ error }}</div>

    <div v-if="state.post" class="content">
      ...
    </div>
  </div>
</template>
```

8.16 スクロールの挙動をカスタマイズしたい

一般的には、新しいページを開いた場合、ページのトップが表示されるでしょう。しかし、SPAではページ遷移前のスクロールポジションのまま遷移後のページが表示されてしまいます。SPAでも一般的なページ遷移を実現したい場合には、scrollBehavior()を使用します。scrollBehavior()は第1引数にto、第2引数にfrom、第3引数にsavedPositionが設定されます。

toとfromには、それぞれのルート情報がオブジェクトとして格納されています。

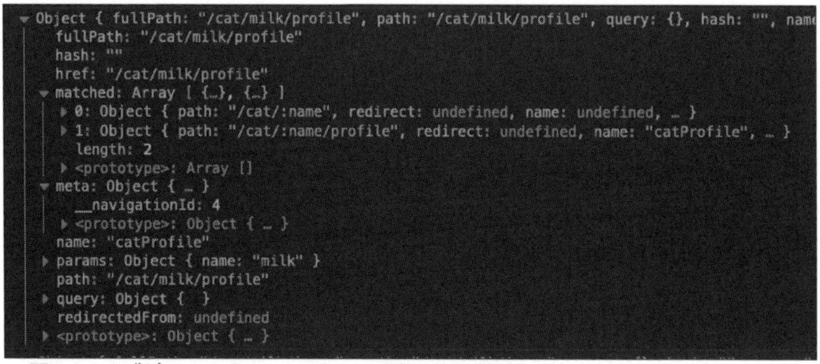

▲図8.1　オブジェクトをconsole.log()で表示した際の例

savedPositionは、ブラウザの戻るや進む、router.go()で遷移した場合はその遷移先の以前のスクロール位置が{ left: 0, top: 0 }といった形で格納されています。router.push()で遷移した場合はnullが格納されています。

8.16.1　ページ遷移時に必ずページトップに遷移させたい場合

```
const router = createRouter({
  history: createWebHistory(),
  routes,
  scrollBehavior (to, from, savedPosition) {
    return { top: 0 }
  },
})
```

8.16.2　HTMLの特定のIDタグに遷移させたい場合

下記の例ではmainタグが設定している箇所に遷移します。

```
const router = createRouter({
  history: createWebHistory(),
  routes,
  scrollBehavior (to, from, savedPosition) {
    return {
      el: '#main',
```

```
      top: -10,
    }
  },
})
```

8.16.3　ブラウザの戻る、進むと行った動作も再現したい場合

```
const router = createRouter({
  history: createWebHistory(),
  routes,
  scrollBehavior (to, from, savedPosition) {
    if (savedPosition) return savedPosition

    return { top: 0 }
  },
})
```

8.16.4　スクロールに動きをつけたい場合

下記の例では遷移時に0.5秒かけて現在のスクロール位置からトップにゆっくり遷移します。

```
const router = createRouter({
  history: createWebHistory(),
  routes,
  scrollBehavior (to, from, savedPosition) {
    return new Promise((resolve, reject) => {
      setTimeout(() => {
        resolve({ left: 0, top: 0 })
      }, 500)
    }
  },
})
```

第9章

アプリケーションの状態管理

9.1 Vuexでアプリケーションの状態管理をしたい

コンポーネント間のデータの受け渡しにはprops・emit・inject・provideの4つを使いました。これは小規模のアプリでは十分ですが、中・大規模なアプリケーションでは少し面倒なことになります。

図9.1のように親コンポーネントとひ孫コンポーネントのデータ受け渡しには子コンポーネントと孫コンポーネントを経由する必要がありますし、兄弟コンポーネント同士となると一度親コンポーネントを経由しなければならず複雑です。

また、Vue 3から追加されたprovideとinjectを使用しても親子関係があるコンポーネントでしかデータの受け渡しができないため、Vueインスタンスを複数生成した場合は、データの受け渡しができません。

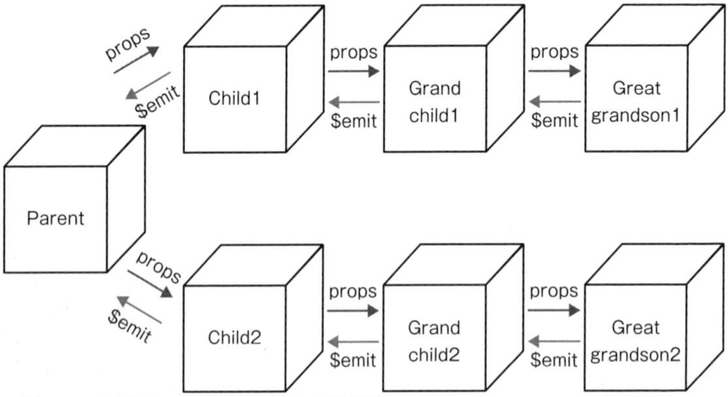

▲図9.1　小規模なアプリでのデータの受け渡し

そこで、Vuexを導入すべきでしょう。Vuexは、状態管理パターン＋ライブラリです。すべての状態を統一されたストアで管理できます。また、単一のデータフローにより、任意のコンポーネントのデータを簡単に操作およびアクセスできます。

図9.2のように、どのコンポーネントからも簡単にアクセスできるデータの一括保管場所とイメージしてもらえばいいでしょう。異なるVueインスタンス同士でも共通のストアを参照できるため、コンポーネントの親子関係も気にしなくて済みます。

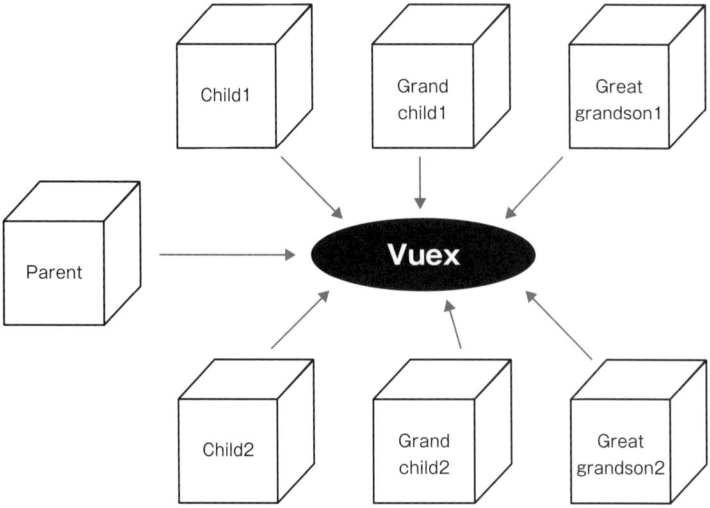

▲図9.2　Vuexを使ったデータの受け渡し

9.2 インストール手順

Vuexの最新版はhttp://unpkg.com/vuexからダウンロードできます。ファイルをプロジェクトディレクトリに保存し、HTMLにVuexを導入します。

```
<script src="/path/to/vue.js"></script>
<script src="/path/to/vuex.js"></script>
```

9.2.1 npm/Yarn

npmまたはYarnを使っている場合はコマンドラインでインストールできます。

```
$ npm install vuex@next --save
$ yarn add vuex@next --save
```

JavaScriptのモジュールシステムを使用している場合は、さらにVue.use()でVuexを定義することが必要です。

Vue 3で関数が変更されたことによりVuexのインストール手順にも変更があります。Vue 3からはnew Vuex.StoreではなくcreateStoreを使用します。

store.js

```
import { createStore } from 'vuex'

export const store = createStore({
  state () {
    return {
      count: 1
    }
  }
})
```

また従来Vue.use(Vuex)だった部分はapp.use(store)になりました。

main.js

```
import { createApp } from 'vue'
import { store } from './store'
import App from './App.vue'

const app = createApp(App)

app.use(store)

app.mount('#app')
import Vue from 'vue'
import Vuex from 'vuex'

Vue.use(Vuex)
```

9.3 ステートを定義

まず、アプリケーションのステートを定義することが必要です。Vuexのステートは、Vuexストアの初期化時点で定義しなければなりません。

```
const store = createStore({
  state: {
    count: 0,
  },
})
```

9.4 ステートにアクセス

Vuexのステートは、あらゆる方法でアクセスできます。次のやり方は、上記で定義したVuexストアにアクセスする方法を示しています。

9.4.1 Vuexストアインスタンスから直接アクセス

```
<script setup>
import { useStore } from 'vuex'

const store = useStore()
console.log(store.state.count) // -> 1
</script>
```

Vue.jsのcomputed要素により、コンポーネント内のVuexのゲッターにアクセスできると同時にVue.jsのリアクティブシステムを適用します。

```
const count = computed(() => store.state.count)
```

JavaScriptモジュールを使用している場合は、Vuexのストアをインポートせずにストアインスタンスにアクセスできます。Vuexステート以外のAPIもこの方法でアクセス可能です。

9.4.2 mapStateヘルパー関数

mapStateヘルパー関数は、単一のコンポーネントが複数のステートにアクセスする必要があるときに役に立ちます。

```
Vue.createApp({
  computed: mapState(['count'])
})
```

テンプレート

```
<div>{{ count }}</div>
```

■実行結果

```
<div>1</div>
```

Vue.jsコンポーネントへVuexステートを渡す前にカスタマイズが必要であればmapStateにオブジェクトを渡しましょう。

```
Vue.createApp({
  data() {
    return {
      localCount: 5
    }
  },

  computed: mapState({
    // アロー関数 (ES6)
    count: state => state.count,

    // 文字列を渡すのは `state => state.count`と同じ
    countAlias: 'count',

    // コンポーネントのステートにアクセスする場合は通常の関数の使用が必要
    countPlusLocalState(state) {
      return state.count + this.localCount
    }
  })
})
```

テンプレート

```
<div>{{ count }}</div>
<div>{{ countAlias }}</div>
<div>{{ countPlusLocalState }}</div>
```

■ 実行結果

```
<div>1</div>
<div>1</div>
<div>6</div>
```

mapStateヘルパー関数にはステートにアクセスする関数を持つオブジェクトを返すため、コンポーネントにほかのcomputed要素がある場合はオブジェクトスプレッド構文（ES2018）を使用できます。

```
Vue.createApp({
  data() {
    return {
      localCount: 5
    }
  },

  computed: {
    localComputed() {
      return localCount * 2
    },

    ...mapState(['count'])
  }
})
```

テンプレート

```
<div>{{ count }}</div>
<div>{{ localCount }}</div>
<div>{{ localComputed }}</div>
```

■ 実行結果

```
<div>1</div>
<div>5</div>
<div>10</div>
```

9.4.3 <script setup>での使用方法

mapStateステートメントは<script setup>では使用できません。そのため、次のようにカスタムメソッドを作成することで実現することができます。

map-state.js

```
import { computed } from 'vue'
import { useStore } from 'vuex'

const mapStates = () => {
  const store = useStore()
  return Object.fromEntries(
    Object.keys(store.state).map(
      key => [key, computed(() => store.state[key])]
    )
  )
}

export { mapStates }
```

map-stateを使用する

```
<script setup>
import { mapStates } from './map-state'

const { count } = mapStates()

console.log(count.value) // -> 1
</script>
```

9.5 ゲッターを定義

たとえば、あるVue.jsのコンポーネントにVuexステートを使用しているcomputed要素があります。

```
const doubleCount = computed(() => {
  return store.state.count * 2
```

```
})
```

複数コンポーネントに同じ処理を行う場合はVuexのゲッターを使うと便利です。ゲッターを定義するとき、ほかのゲッターにアクセスすることが可能です。また、関数を戻り値にすればパラメータを渡せるゲッターも定義できます（「メソッドスタイルアクセス」と呼ばれています）。

```
const store = createStore({
  state: {
    count: 1,
  },
  getters: {
    // ステートにアクセスのみ
    doubleCount: state => state.count * 2,

    // ほかのゲッターにアクセスする
    doubleCountPlusOne: (state, getters) => getters.doubleCount + 1,

    // メソッドスタイルアクセス： 関数を戻り値にする
    addCount: (state) => (num) => num + state.count,
  },
})
```


9.6 ゲッターにアクセス

Vuexのゲッターは、あらゆる方法でアクセスできます。次のやり方は、前節のサンプルコードで定義したVuexストアにアクセスする方法を示しています。

9.6.1 Vuexストアインスタンスから直接アクセス

```
console.log(store.getters.doubleCount)        // -> 2
console.log(store.getters.doubleCountPlusOne) // -> 3
console.log(store.getters.addCount(10))       // -> 11
```

Vue.jsのcomputed要素により、コンポーネント内のVuexのゲッターにアクセスできると同時にVue.jsのリアクティブシステムを適用します。

```
const doubleCount = computed(() => {
  return store.getters.doubleCount
})
```

JavaScriptモジュールを使用している場合は、Vuexのストアをインポートせずにストアインスタンスにアクセスできます。Vuexステート以外のAPIもこの方法でアクセス可能です。

9.6.2 mapGettersヘルパー関数

mapGettersヘルパー関数は、単一のコンポーネントが複数のゲッターにアクセスする必要があるときに役に立ちます。

```
Vue.createApp({
  computed: mapGetters([
    'doubleCount',
    'doubleCountPlusOne',
  ])
})
```

テンプレート

```
<div>{{ doubleCount }}</div>
<div>{{ doubleCountPlusOne }}</div>
```

■実行結果

```
<div>2</div>
<div>3</div>
```

ゲッターを別名にしたい場合はオブジェクトを使いましょう。

```
Vue.createApp({
  computed: mapGetters({
    computedDoubleCount: 'doubleCount',
  })
})
```

テンプレート

```
<div>{{ computedDoubleCount }}</div>
```

■実行結果

```
<div>2</div>
```

ほかのcomputed要素を定義したい場合は、オブジェクトスプレッド構文（ES2018）を使用できます。

```
Vue.createApp({
  data() {
    return {
      localCount: 5
    }
  },

  computed: {
    localComputed() {
      return this.localCount * 2
    },

    ...mapGetters([
      'doubleCount',
      'doubleCountPlusOne',
    ])
  }
})
```

テンプレート

```
<div>{{ localCount }}</div>
<div>{{ localComputed }}</div>
<div>{{ doubleCount }}</div>
<div>{{ doubleCountPlusOne }}</div>
```

■実行結果

```
<div>5</div>
<div>10</div>
<div>2</div>
<div>3</div>
```

<script setup>での使用方法

mapGettersステートメントは<script setup>では使用することはできません。そのため、次のようにカスタムメソッドを作成することで実現することができます。

map-getter.js

```
import { computed } from 'vue'
import { useStore } from 'vuex'

const mapGetters = () => {
  const store = useStore()
  return Object.fromEntries(
    Object.keys(store.getters).map(
      getter => [getter, computed(() => store.getters[getter])]
    )
  )
}

export { mapGetters }
```

map-getterを使用する

```
<script setup>
import { mapGetters } from './map-getter'

const { doubleCount, doubleCountPlusOne, addCount } = mapGetters()

console.log(doubleCount.value)        // -> 2
console.log(doubleCountPlusOne.value) // -> 3
console.log(addCount.value(10))       // -> 11
</script>
```

9.7 ステートを変更したい・ミューテーションを定義したい

Vuexステートを変更するためには、ミューテーションを使わなければなりません。直接Vuexステートを変更することはできません。

9.7.1 ミューテーションを定義

最も単純なミューテーションは、関数として定義されています。その関数は、Vuexのステートを引数として受け取っています。

```
const store = createStore({
  state: {
     count: 1
  },
  mutations: {
    // 単純なミューテーション
    increment(state) {
      state.count ++
    },
  }
})
```

9.7.2 ミューテーションを実行

ミューテーションを実行するには、store.commit()関数を呼び出し、ミューテーション名を引数として渡します。

```
store.commit('increment')

// 結果
console.log(store.state.count) // -> 2
```

単一ファイルコンポーネントには、useStoreを使用することでstore.commit()も使用できます。

```
import { useStore } from 'vuex'

const store = useStore()

incrementCount() {
  store.commit('increment')
}
```

mapMutationsヘルパー関数

mapMutationsヘルパーは、同じコンポーネントから複数のミューテーションを実行する必要がある場合に役立ちます。

```
import { mapMutations } from 'vuex'

export default {
  methods: {
    // this.$store.commit('increment') を this.increment() にマッピング⏎
する
    ...mapMutations(['increment']),

    // this.$store.commit('increment') を this.add() にマッピングする
    ...mapMutations({
      add: 'increment',
    })
  }
}
```

ミューテーションにデータを渡す

オプションで、ミューテーションは第2引数として追加データを受け取ることができます。

```
const store = createStore({
  state: {
    count: 1
  },
  mutations: {
    // データが渡されるミューテーション
    increment(state, n) {
      state.count += n
    }
  }
})
```

ミューテーションを実行するとき、追加データを第2引数として渡します。

```
store.commit('increment', 10)
```

```
// 結果
console.log(store.state.count) // -> 11
```

複数フィールドが格納できるように渡されるデータをオブジェクトとして渡すことが望ましいです。そのオブジェクトのことをペイロードと言います。

```
const store = createStore({
  state: {
     count: 1
  },
  mutations: {
    // ペイロード付きミューテーション
    increment(state, payload) {
      state.count += payload.amount
    }
  }
})
store.commit('increment', { amount: 10 })

// 結果
console.log(store.state.count) // -> 11
```

代わりに、ミューテーションとデータを含む単一のオブジェクトをstore.commit()に渡すことができます。

```
store.commit({
  type: 'increment',
  amount: 10,
})
```

<script setup>での使用方法

mapMutationsステートメントは<script setup>では使用することはできません。そのため、次のようにカスタムメソッドを作成することで実現することができます。

store.js

```
import { createStore } from 'vuex'
```

```
export const store = createStore({
  state: {
    count: 1,
  },
  mutations: {
    // ペイロード付きミューテーション
    countUp(state, payload) {
      state.count += payload.amount;
    },
  },
})
```

map-mutation.js

```
import { computed } from 'vue'
import { useStore } from 'vuex'

const mapMutations = () => {
  const store = useStore()
  return Object.fromEntries(
    Object.keys(store._mutations).map(
      mutation => [mutation, value => store.commit(mutation, value)]
    )
  )
}

export { mapMutations }
```

map-mutationを使用する

```
<script setup>
import { mapStates, mapMutations } from './map-mutation'

const { count } = mapStates()
const { countUp } = mapMutations()

console.log(count.value) // -> 1
countUp({ amount: 10 })
console.log(count.value) // -> 11
</script>
```

9.7.3 ミューテーションの注意事項

Vuexのステートは Vueのdevtoolsを介して監視され、ミューテーションが発生する前後の状態をキャプチャしています。しかし、Vueのdevtoolsは非同期のコールバックの実行を検出できなかったため、コールバック内で実行されたミューテーションは追跡できませんでした。

非同期処理には、代わりにVuexのアクション（**9.8節**）を使用しましょう。

9.8 Vuexに非同期処理を実行したい・Vuexアクションを定義したい

Vuexアクションはミューテーションと似ていますが、違いは次のとおりです。

- ステートを変更する代わりに、ミューテーションを実行する
- アクションは非同期処理が実行できる

9.8.1 アクションを定義

アクションは、ミューテーションと同じように関数として定義されています。その関数は、コンテキストを引数として受け取っています。コンテキストは、Vuexのstoreのインスタンスと同じメソッドやプロパティを公開しています。

```
const store = createStore({
  state: {
    count: 1
  },
  mutations: {
    increment(state) {
      state.count++
    }
  },
  actions: {
    incrementAsync (context) {
      setTimeout(() => {
        context.commit('increment')
```

```
      }, 1000)
    }
  }
})
```

実戦で使う際には引数分割代入（ES2015）を使用し、コードを少しでも簡潔にします。

```
const store = createStore({
  actions: {
    incrementAsync ({ commit }) {
      setTimeout(() => {
        commit('increment')
      }, 1000)
    }
  }
})
```

9.8.2 アクションをディスパッチ

アクションを実行するには、store.dispatch()関数を呼び出し、アクション名を引数として渡します。

```
store.dispatch('incrementAsync')

// 結果（1秒後）
console.log(store.state.count) // -> 2
```

単一ファイルコンポーネントには、this.$store.dispatch()も使用できます。

```
export default {
  methods: {
    incrementCountAsync() {
      this.$store.dispatch('incrementAsync')
    }
  }
}
```

9.8.3 mapActionsヘルパー関数

mapActionsヘルパーは、同じコンポーネントから複数のアクションを実行する必要がある場合に役立ちます。

```
import { mapActions } from 'vuex'

export default {
  methods: {
    // this.$store.dispatch('incrementAsync')をthis.incrementAsync()に↩
マッピングする
    ...mapActions(['incrementAsync']),

    // this.$store.dispatch('incrementAsync')をthis.addAsync()にマッピ↩
ングする
    ...mapMutations({
      addAsync: 'incrementAsync',
    })
  }
}
```


<script setup>での使用方法

mapActionsステートメントは<script setup>では使用することはできません。そのため、次のようにカスタムメソッドを作成することで実現することができます。

map-action.js

```
import { computed } from 'vue'
import { useStore } from 'vuex'

const mapActions = () => {
  const store = useStore()
  return Object.fromEntries(
    Object.keys(store._actions).map(
      action => [action, value => store.dispatch(action, value)]
    )
  )
}

export { mapActions }
```

map-actionを使用する

```
<script setup>
import { mapStates, mapActions } from './map-action'

const { count } = mapStates()
const { incrementAsync } = mapActions()

incrementAsync()

// 結果（1秒後）
console.log(count.value, 'incrementAsync') // -> 2
</script>
```

9.8.4 アクションにデータを渡す

オプションで、アクションは第2引数として追加データを受け取ることができます。

```
const store = createStore({
  state: {
     count: 1
  },
  mutations: {
    increment(state) {
      state.count++
    }
  },
  actions: {
    incrementAsync({ commit }, duration) {
      setTimeout(() => {
        commit('increment')
      }, duration)
    }
  }
})
```

アクションを実行するとき、追加データを第2引数として渡します。

```
store.dispatch('incrementAsync', 2000)
```

```
// 結果（2秒後）
console.log(store.state.count) // -> 2
```

ミューテーションと同じように、ペイロード形式またはオブジェクト形式のディスパッチも可能です。

```
// ペイロード形式
store.dispatch('incrementAsync', {
  amount: 10
})

// オブジェクト形式
store.dispatch({
  type: 'incrementAsync',
  amount: 10
})
```

9.9 ほかの非同期操作とのチェーン

アクションの戻り値をPromise（ES2015）にすると、ほかの非同期処理とのチェーンができます。

```
const store = createStore({
  // ...
  actions: {
    incrementAsync({ commit }) {
      return new Promise((resolve, reject) => {
        setTimeout(() => {
          commit('increment')
          resolve()
        }, 1000)
      })
    }
  }
})
```

次のようにアクションとのチェーンができます。

```
store.dispatch('incrementAsync').then(() => {
  // ...
})
```

ほかのアクション内にアクションをチェーンすることもできます。

```
actions: {
  // ...
  anotherAction({ dispatch, commit }) {
    return dispatch('incrementAsync').then(() => {
      commit('anotherMutation')
    })
  }
}
```

最後に、async/await文（ES2017）を使用すると、こういうやり方もできます。

```
// asyncFuncA()、asyncFuncB()が Promiseを返すと仮定する

actions: {
  async actionA({ commit }) {
    commit('mutationA', await asyncFuncA())
  },
  async actionB({ dispatch, commit }) {
    await dispatch('actionA') // actionAが完了するまで待つ
    commit ('mutationB', await asyncFuncB())
  }
}
```

9.10 Vuexロジックを整理したい（Vuexを導入する手順）

Vuexストアの拡大に伴い、Vuexでアプリケーションのさまざまな部分を管理するとコードが肥大化する可能性があります。そこで、Vuexモジュールを導入することにより、Vuexストアを整理し、関連の部分をモジュール化できます。

```
const moduleA = {
    state: () => ({ ... }),
    mutations: { ... },
    actions: { ... },
    getters: { ... }
}

const moduleB = {
    state: () => ({ ... }),
    mutations: { ... },
    actions: { ... }
}

const store = createStore({
    modules: {
        a: moduleA,
        b: moduleB
    }
})

store.state.a // -> `moduleA` のステート
store.state.b // -> `moduleB` のステート
```


9.10.1 名前空間

デフォルトでは、ゲッター、ミューテーション、およびアクションはグローバル名前空間のもとに定義されています。これにより、複数モジュールのミューテーションまたはアクションが同時に反応することができます。

モジュールをより自己完結型にしたり再利用性を高めたりする場合は、namespace: trueをつけます。そうするとステート以外のロジックもモジュールのパスに基づいて自動的に名前空間が振り分けられます。

```
const someModule = {
  namespaced: true,
  state:  () => ({ ... }),
  getters: { ... },
  mutation: { ... },
  action: { ... },
}
```

各モジュール種類（名前空間あり／なし）のロジックの定義やアクセスする方法は次の項に記述します。

9.10.2 モジュールのロジックを定義

モジュールのステート

モジュールのステートを定義する方法は、非モジュールのステートを定義する方法と変わりません。しかし、ステートはモジュールの名前空間がついているかどうかにかかわらず、名前空間に設定されています。

```
const someModule = {
  state: () => ({
      count: 0
  })
}

const namespacedModule = {
  namespaced: true,
  state: () => ({
      count: 1
  })
}

const store = createStore({
  modules: {
    someModule,
    namespacedModule,
  },
  state: () => ({
      count: 2
  })
})

console.log(store.state.someModule.count)       // -> 0
console.log(store.state.namespacedModule.count) // -> 1
console.log(store.state.count)                  // -> 2
```

モジュールのゲッター

モジュールのゲッターを定義する場合、ゲッターの関数に渡されたステートとゲッターはそれぞれモジュール自身のステートとゲッターになります（いわゆるローカルステートとゲッター）。さらに、ルートのステートは第3引数として渡されます。

```
const someModule = {
  state: () => ({ count: 3 }),
  getters: {
    doubleCount(state) {
      return state.count * 2
    },
    doubleCountPlusOne(state, getters) {
      return getters.doubleCount + 1
    },
    sumCount(state, getters, rootState) {
      return state.count + rootState.count
    }
  }
}

const store = createStore({
  modules: { someModule },
  state: () => ({ count: 5 })
})

console.log(store.getters.doubleCount)        // -> 6
console.log(store.getters.doubleCountPlusOne) // -> 7
console.log(store.getters.sumCount)           // -> 8
```

名前空間付きモジュールのゲッター

名前空間付きモジュールの場合は、ゲッターにアクセスする際にモジュールのパスを指定することが必要です。

```
console.log(store.getters['someModule/doubleCount'])
console.log(store.getters['someModule/doubleCountPlusOne'])
console.log(store.getters['someModule/sumCount'])
```

名前空間付きモジュールのゲッターにも、追加でルートのゲッターが第

4引数として渡されます。

```
const someModule = {
  namespaced: true,
  // ...
  getters: {
    sumCount(state, getters, rootState, rootGetters) {
      getters.doubleCount     // -> store.getters[someModule/doubleCount]
      rootGetters.doubleCount // -> store.getters.doubleCount
    }
  }
}
```

モジュールのミューテーション

モジュールのミューテーションを定義する方法はほとんど変わらず、第1引数として受け取ったステートはローカルステートになります。

```
const someModule = {
  state: () => ({ count: 3 }),
  mutations: {
    increment(state) {
      state.count += 1
    }
  }
}

const store = createStore({
  modules: { someModule },
})

store.commit('increment')
console.log(store.state.someModule.count) // -> 4
```

名前空間付きモジュールのミューテーション

名前空間付きモジュールの場合は、モジュールのミューテーションを呼び出す際にモジュールパスを指定することが必要です。

```
store.commit('someModule/increment')
```

モジュールのアクション

モジュールのアクションのcontext.stateはローカルステートになり、ルートステートはcontext.rootStateでアクセスできます。

```
const someModule = {
  state: { count: 3 },
  mutation: {
    increment(state) {
      state.count += 1
    }
  },
  actions: {
    incrementIfSumCountEven({ state, commit, rootState }) {
      if ((state.count + rootState.count) % 2 === 0) {
        commit('increment')
      }
    }
  }
}

const store = createStore({
  modules: { someModule },
  state: () => ({ count: 5 })
})

store.dispatch('someAction')
console.log(store.state.someModule.count) // -> 4
```

名前空間付きモジュールのアクション

名前空間付きモジュールの場合は、モジュールのアクションを呼び出す際にモジュールパスを指定することが必要です。

```
store.dispatch('someModule/action')
```

名前空間付きモジュールのアクションにも、context.rootGettersでルートのゲッターがアクセスできます。

```
const someModule = {
  namespaced: true,
```

```
  // ...
  actions: {
    someAction({ getters, rootGetters }) {
      getters.doubleCount     // -> store.getters[someModule/doubleCount]
      rootGetters.doubleCount // -> store.getters.doubleCount
    }
  }
}
```

名前空間付きモジュールのアクション内は、同じモジュールのミューテーションまたはほかのアクションを呼び出すときにモジュールのパスを省略できます。グローバル名前空間に設定されているミューテーションとアクションを呼び出す場合は、{ root: true }を第3引数として渡しましょう。

```
const someModule = {
  namespaced: true,
  // ...
  actions: {
    someAction({ commit, dispatch }) {
      commit('someMutation')                          // someModule/someMu
tation
      commit('anotherModule/someMutation')            // anotherModule/so
meMutation
      commit('someMutation', null, { root: true }) // someMutation

      dispatch('otherAction')                          // someModule/other
Action
      dispatch('anotherModule/otherAction')            // anotherModule/ot
herAction
      dispatch('otherAction', null, { root: true }) // otherAction
    }
  }
}
```

名前空間付きモジュールのアクションをグローバルのアクションとして設定

名前空間付きモジュールにグローバルのアクションを登録する場合は、アクションにroot: trueをつけることが必要です。

```
const someModule = {
  namespaced: true,
  // ...
  actions: {
    someAction: {
      root: true,
      handler(namespacedContext, payload) { ... }
    }
  }
}

store.dispatch('someAction')
```

9.10.3 モジュールをネストする

Vuexのモジュールはネストすることが可能です。

```
const someModule = {
  state: () => ({ ... }),
  getters: { ... },
  mutation: { ... },
  action: { ... },
  module: { nestedModule }
}

const nestedModule = {
  state: () => ({ ... }),
  getters: { ... },
  mutation: { ... },
  action: { ... },
}

const store = createStore({
  modules: { someModule },
  state: () => ({ ... }),
  getters: { ... },
  mutation: { ... },
  action: { ... },
})
```

ネストしたモジュールのステートにアクセスするには、モジュールのフルパスを指定することが必要です。

```
console.log(store.someModule.nestedModule.state.count)
```

名前空間付きかつネストしたモジュール

名前空間付きモジュールの場合は、ゲッター、ミューテーションおよびアクションにアクセスする際にモジュールのフルパスも指定することが必要です。

```
// ゲッター
console.log(store.getters['someModule/nestedModule/someGetter'])

// ミューテーション
store.commit('someModule/nestedModule/someMutation')

// アクション
store.dispatch('someModule/nestedModule/someAction')
```

9.10.4 ヘルパー関数と名前空間付きモジュール

ヘルパー関数で名前空間付きモジュールをVueコンポーネントにバインドするとき、ストアの定義やアクセスが多少冗長になる場合があります。

```
export default {
  // ...
  computed: mapState([
    'some/nested/module/hogeState', // -> this['some/nestedModule/hogeState']
    'some/nested/module/fugaState', // -> this['some/nestedModule/fugaState']
  ]),
  methods: mapMutations({
    hoge: 'some/nested/module/hoge', // -> this.hoge()
    fuga: 'some/nested/module/fuga', // -> this.fuga()
  })
}
```

そこで、名前空間付きモジュールのパスを第1引数としてヘルパー関数に渡すと、そのモジュールをコンテキストとして使用してバインディングが行うことができます。上記は次のように簡略できます。

```
export default {
  // ...
  computed: mapState('some/nested/module', [
    'hogeState', // -> this.hogeState
    'fugaState', // -> this.fugaState
  ]),
  methods: mapMutations('some/nested/module', [
    'hoge', // -> this.hoge()
    'fuga', // -> this.fuga()
  ])
}
```

名前空間付きヘルパー関数を生成すると、さらに簡略できます。


```
import { createNamespacedHelpers } from 'vuex'

const { mapSate, mapMutations } = createNamespacedHelpers('some/nested/
module')

export default {
  // ...
  computed: mapState([
    'hogeState', // -> this.hogeState
    'fugaState', // -> this.fugaState
  ]),
  methods: mapMutations([
    'hoge', // -> this.hoge()
    'fuga', // -> this.fuga()
  ])
}
```

9.10.5 動的モジュールを登録

store.registerModuleメソッドにより、ストアの作成後に追加モジュールを登録できます。

```
// `hogeModule` というモジュールを登録
store.registerModule('hogeModule', {
  state: { count: 1 }
})

// `hoge/fugaModule` というモジュールを登録
store.registerModule(['hoge', 'fugaModule'], {
  state: { count: 2 }
})

console.log(store.state.hogeModule.count)      // -> 1
console.log(store.state.hoge.fugaModule.count) // -> 2
```

競合するステートがあるモジュールを登録する場合、{ preserveState: true }を第3引数として渡すと、既存のステートが上書きされるのを防ぐことができます。

```
store.registerModule('hogeModule', { ... }, { preserveState: true})
```

store.unregisterModuleメソッドにより、動的モジュールを消すことができます。しかし、静的モジュール（ストアの作成中に定義されていたモジュール）はこの方法で削除できないことに注意してください。

```
store.unregisterModule('hogeModule')
store.unregisterModule('hoge/fugaModule')
```

9.10.6 モジュールを再利用

モジュールを再利用する場合、ステートのオブジェクトは参照によって共有され、ステートに何か変化があるとクロスストアまたはモジュールのステートが汚染されます。Vueコンポーネント内のdataと同様に、オブジェクトにステートを定義する代わりにステートオブジェクトを返す関数に変換します。

```
const reusableModule = {
  state: () => ({
    count: 1
  }),
```

```
  // ...
}
```

9.11 Vuexプラグインを定義したい

Vuexプラグインにより、ストアが初期化したインスタンスにアクセスできます。プラグインはステートの変化を監視（ロギング、データをサーバと同期など）、または外部から受信したデータ（Webソケットか Observable経由）をストアに登録する場合に役に立ちます。

```
// ストアが初期化されたときに呼ばれる
const myPlugin = (store) => {
  // ミューテーションが呼ばれたときに何か実行する (9.16)
  store.subscribe((mutation, state) => { ... })

  // 動的モジュールを登録
  store.registerModule('myModule', myModule)
}

const store = createStore({
  // ...
  plugins: [myPlugin]
})
```

プラグインもVuexの既存のルールに従います。ストアを変更する方法は、ミューテーションを呼び出すことに限定されています。

9.11.1 Webソケットで外部サーバにデータを同期

```
function createWebSocketPlugin(socket) {
  return store => {
    socket.on('data', data => {
      store.commit('RECEIVE_DATA', data)
    })

    store.subscribe((mutation) => {
      if (mutation.type === 'UPDATE_DATA') {
```

9

```
        socket.emit('update', mutation.payload)
      }
    })
  }
}

const websocketPlugin = createWebSocketPlugin(socket)

const store = createStore({
  state,
  mutations,
  plugins: [websocketPlugin]
})
```

上記のVuexストアがWebソケットを介して外部サーバに同期するプラグインです。Webソケットイベントが受信したときにミューテーションを呼び出します。そして、'UPDATE_DATA'というミューテーションが呼び出されたときにWebソケットのイベントを発信します。

9.12 厳格モードを有効にしたい

厳格モードを有効にすると、ミューテーションの外でストアが変更された場合はエラーが発生します。なお、厳格モードを有効にするとステートが常に監視されていて、パフォーマンスに影響があるので本番環境では必ず無効にしましょう。

9.12.1 使い方

```
const store = createStore({
  // ...
  strict: true
})
```

Webpackやvue-cliなどのビルドツールを使う場合は、次のコードを適用するとビルドツールに任せることができます。

```
const store = createStore({
```

```
  // ...
  strict: process.env.NODE_ENV !== 'production'
})
```

9.13 Vuexのデベロッパーツール機能を無効にしたい

Vue Developer Toolsというブラウザプラグインを入れると、Vuex内のストアの変化がすべて見られます。devtools: falseを入れると、その機能を無効にすることができます。同じページに複数のVuexのインスタンスがある場合には役に立ちます。

9.13.1 使い方

```
import { createStore } from 'vuex'

const store = createStore({
  // ...
  devtools: false
})
```


9.14 Vuexのステートを完全に上書きしたい

store.replaceState()により、Vuexのステートが全部上書きされます。テストでステートを仮に生成する場合や、デベロッパーツールのタイムトラベル機能以外に使わないことを推奨しています。

9.14.1 使い方

```
const store = createStore({ ... })

const newState = { count: 10 }

store.replaceState(newState)
```

9.15 Vuexのステート・ゲッターを監視して反応したい

store.watch()により、第1引数として定義した関数の戻り値を常に監視し、変化がある場合は第2引数として定義した関数が実行されます。ほかのオプションを定義したい場合はオブジェクト内に格納し、第3引数に渡すことが可能です。設定できるオプションはVueのvm.$watchメソッドと同様です。

サンプルコード

```
const store = createStore({
  state: { count: 2 },
  getters: { doubleCount: ({ count }) => count * 2 },
  mutations: {
    increment: (state) => { state.count += 1 },
    resetCount: (state) => { state.count = 0 }
  }
})

// 監視する関数にはステートとゲッターが引数として渡される
const isSumTooBig = (state, getters) => (state.count + getters.double⏎
Count) > 10

const resetCount = () => { store.commit('resetCount' ) }

const cancelWatch = store.watch(isSumTooBig, resetCount)

store.commit('increment') // state.count + getters.doubleCount = 9
console.log(store.state.count) // -> 3

store.commit('increment') // state.count + getters.doubleCount = 12
console.log(store.state.count) // -> 0
```

監視をやめたい場合は、store.watch()を呼び出したときの戻り値を呼び出します。

```
cancelWatch()
```

9.16 Vuexのミューテーションが呼ばれたときに反応したい

store.subscribe()により、ミューテーションを行った際に渡されたハンドラ関数が実行されます。このハンドラ関数には、呼び出されたミューテーションとミューテーションが行ったステートが引数として渡されます。主にプラグイン（**9.11節**）を生成する際に使われています。

サンプルコード

```
const store = createStore({
  state: { count: 2 },
  mutations: {
    incrementBy: (state, payload) => state.count += payload.value,
  }
})

const cancelSubscribe = store.subscribe((mutation, state) => {
  console.log(mutation.type)
  console.log(mutation.payload)
  console.log(state.count)
})
store.commit('incrementBy', { value: 5 })
```

上記のように定義したミューテーションを呼び出すと次の結果が得られます。

```
'incrementBy'
{ value: 5 }
7
```

監視をやめたい場合は、store.subscribe()を呼び出したときの戻り値を呼び出します。

```
cancelSubscribe()
```

9.17 Vuexのアクションが呼ばれたときに反応したい

store.subscribeAction()により、アクションが呼び出される前に渡されたハンドラ関数を実行します。このハンドラ関数には、呼び出されたアクションと現状のステートが引数として渡されます。主にプラグイン（**9.11節**）を生成する際に使われています。

サンプルコード

```
const cancelSubscribeAction = store.subscribeAction((action, state) => {
  console.log(action.type)
  console.log(action.payload)
  console.log(state.count)
})
const store = createStore({
  state: { count: 2 },
  mutations: {
    incrementBy: (state, payload) => { state.count += payload.value }
  },
  actions: {
    delayIncrementBy: ({ commit }, payload) => {
      setTimeout(() => { commit('incrementBy', payload) }, 1000)
    }
  },
})
```

上記のストアのアクションを呼び出すと、次の結果が得られます。

```
store.dispatch('delayIncrementBy', { value: 5 })
'delayIncrementBy'
{ value: 5 }
2
```

9.17.1 ハンドラ関数を実行するタイミングを制御したい場合

```
const cancelSubscribeAction = store.subscribeAction({
  before: (action, state) => {
```

```
    console.log(`before action count: ${state.count}`)
  },
  after: (action, state) => {
    console.log(`after action count: ${state.count}`)
  }
})
```

store.subscribeAction()のハンドラ関数をいつ呼び出すか指定できます。アクションを呼び出す前か後ろ、あるいは両方のタイミングを設定できます。こちらのハンドラ関数で再度アクションを呼び出すと、次の結果が得られます。

```
store.dispatch('delayIncrementBy', { value: 5 })
'before action count: 2'
'after action count: 2'
```

監視をやめたい場合は、store.subscribeAction()を呼び出したときの戻り値を呼び出します。


```
cancelSubscribeAction()
```

9.18 ホットリロード機能を有効にしたい

viteの場合はデフォルトでホットリロードが適用されるため、設定は不要です。

store.hotUpdate()メソッドにより、Webpackやvue-cliなどビルドツールにあるホットリロード機能を適用できます。次の例では、moduleAに変更があった場合はmoduleAのファイルを再読み込み、hotUpdate()でモジュールのロジックを差し込むという流れになります。

サンプルコード

```
// store.js
import Vue from 'vue'
import Vuex from 'vuex'
import moduleA from './modules/a'
```

```
const store = createStore({
  state: { ... },
  modules: { moduleA },
})

if (module.hot) {
  module.hot.accept(['./module/a'], () => {
    // 更新されたモジュールファイルを読み込む
    const newModuleA = require('./module/a').default

    // 更新されたモジュールを差し替え
    store.hotUpdate({
      modules: { moduleA: newModuleA }
    })
  })
}

export default store
```

9.19 Piniaを使ってみよう

9.19.1 Piniaとは

Piniaとは、Vue.js向けに開発された状態管理ライブラリであり、階層が深くなったコンポーネント間でもデータの受け渡しができるものです。Vuexと同様にコンポーネント間で状態の受け渡しができるため、開発において威力を発揮します。Vuexと比べTypeScriptのサポートがあり簡潔に記述できるので、開発の規模にかかわらず導入するメリットは大きいです。

9.19.2 Vuexとの比較

Vuex 3.x/4.xとの比較です。

▼ 表9.3 Vuexとの比較

	Pinia	Vuex
記述量	少ない	多い
mutationsの使用法	APIで扱う	mutationsでデータを扱う
actionsの制限	制限なし	制限あり
provide/inject	必要ない	必須
Composition API（TS）との相性	相性が良い	複雑なラッパーを作成するので相性が悪い

下記は同じ機能のものをVuexとPiniaで比較したものです。2つを比べると、Piniaの記述が簡略化されていて見やすいと思います。また、Piniaはmutationsがなくstore内で処理を書く必要がないので簡潔に記述できるようになっています。

Vuex

storeの記述

```
import {createStore} from 'vuex'

const useStore = createStore({
  state() {
    return {
      name: 'ちまき',
      sing: 0,
    }
  },
  mutations: {
    sumOne(state) {
      state.sing++
    },
  }
})
```

storeを使用する記述

```
<template>
  <h3>{{name}}</h3>
  <h3>{{sing}}</h3>
  <button @click="sumOne">鳴く</button>
</template>
<script setup>
  import { computed } from 'vue'
```

```
  const store = useStore()
  const name = computed(() => store.state.name)
  const sing = computed(() => store.state.sing)
  const singOne = () => {
    store.commit('sumOne')
  }
</script>
```

Pinia

storeの記述

```
import { defineStore } from 'pinia'

export const chimakiStore = defineStore({
  id: 'chimaki',
  state: () => ({
    name: 'ちまき',
    sing: 0,
  }),
  getters: {},
  actions: {}
})
```

storeを使用する記述

```
<template>
  <h3>{{chimaki.name}}</h3>
  <h3>{{chimaki.sing}}</h3>
  <button @click="pinia.sing++">鳴く</button>
</template>
<script setup>
  import { chimakiStore } from '@/store/pinia'
  const chimaki = chimakiStore()
</script>
```

9.19.3 導入方法

piniaのパッケージを使用してインストールします。

```
npm install pinia
```

Vueインスタンスを生成する際に、createPinia()を用いてPiniaを使用できるようにします。

```
import { createApp } from "vue"
// Piniaをインポート
import { createPinia } from "pinia"
import App from "./App.vue"

const app = createApp(App)
// ルートストアを作成
app.use(createPinia())
app.mount('#app')
```

COLUMN

Node.jsのコードネーム

Vue.jsはアルファベット順に日本のアニメの名前からコードネームを取っていました。Node.jsはアルファベット順に元素記号からコードネームを取っています。

バージョン	リリース日	コードネーム
4.x	2015/09/08	Argon
6.x	2016/04/26	Boron
8.x	2017/05/30	Carbon
10.x	2018/04/24	Dubnium
12.x	2019/04/23	Erbium
14.x	2020/04/21	Fermium
16.x	2021/04/20	Gallium
18.x	2022/04/19	Hydrogen

20.xがリリースされるのは2023年4月18日と発表されていますので次はI（ヨウ素）あたりが来るかもしれません。Vue.jsとNode.jsのコードネームについてご紹介しましたが、ほかにもユニークなコードネームをつけているソフトウェアがあるので調べて予想してみるのも面白いかもしれません。

9

第10章

さまざまなプラグイン

10.1 Vue.js公式ESLintプラグイン (eslint-plugin-vue)

10.1.1 用途

eslint-plugin-vueはソースコードフォーマットのルールを定義したものです。厳密にはVueのプラグインではなく、JavaScriptの静的コード分析ツールESLintのプラグインではありますが、Vueの独自の記述についてフォーマットを統一するという意味ではインストールしておいたほうがよいでしょう。

利用には事前にESLintのインストールが必要です。

- 公式URL：https://eslint.vuejs.org/
- GitHubリポジトリ：https://github.com/vuejs/eslint-plugin-vue

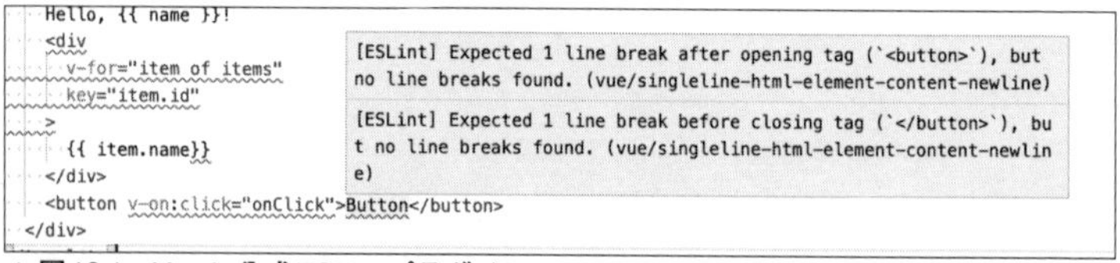

▲図10.1　Vue.js公式ESLintプラグイン

10.1.2 インストール

```
vue add @vue/cli-plugin-eslint
npm install --save-dev eslint eslint-plugin-vue
```

サンプルコード

.eslintrcの設定例（Vue 2向け）

```
module.exports = {
  extends: [
    'plugin:vue/recommended'
  ],
}
```

ルールをカスタマイズする

```
module.exports = {
  extends: [
    'plugin:vue/recommended'
  ],
  rules: {
    'vue/html-self-closing': 0
  }
}
```

10.2 Vue-Lazyload

10.2.1 用途

画像を遅延ローディングさせるためのプラグインです。たとえば通常はアクセス時にページ内のすべての画像を読み込もうとしますが、画面に収まっている範囲内の画像のみ表示して、その他の画像は遅延ローディングさせるといったことをしてパフォーマンスを上げることができます。

- Github リポジトリ：https://github.com/murongg/vue3-lazyload#readme

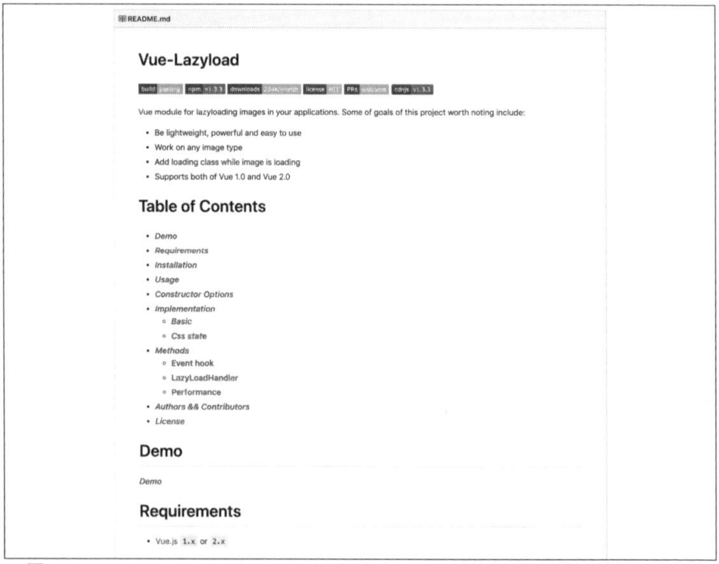

▲図10.2　Vue-Lazyload

10.2.2 インストール

```
$ npm i vue3-lazyload -S
$ yarn add vue3-lazyload
```

CDNでも利用できます。

```
<script src="https://unpkg.com/vue3-lazyload"></script>
```

main.jsに次のコードを追加しましょう。

```
import VueLazyLoad from 'vue3-lazyload'

app.use(VueLazyLoad)
```

サンプルコード

HelloWorld.vue

```
<script setup>
```

```
import { reactive } from 'vue'

const images = [
  {id: 1, src: '' },
  {id: 2, src: 'http://placekitten.com/300/450' },
  {id: 3, src: 'http://placekitten.com/300/500' },
  {id: 4, src: 'http://placekitten.com/200/300' },
  {id: 5, src: 'http://placekitten.com/450/600' },
  {id: 6, src: 'http://placekitten.com/400/600' },
  {id: 7, src: 'http://placekitten.com/200/300' },
]

const lazyOptions = reactive({
  lifecycle: {
    loading: () => {
      console.log('image loading')
    },
    error: () => {
      console.log('image error')
    },
    loaded: () => {
      console.log('image loaded')
    }
  }
})
</script>

<template>
  <li v-for="img in images" :key="img.id">
    <img v-lazy="{src: img.src, lifecycle: lazyOptions.lifecycle}">
  </li>
</template>

<style scoped>
li {
  list-style: none;
}
</style>
```

このサンプルではランダムに猫のダミー画像を生成できるplacekitten（https://placekitten.com/）というサイトを利用しています。

■ 実行結果

10.3 vue-sidebar-menu

10.3.1　用途

サイドメニューのプラグインです。横幅の展開・縮小が行えます。

- 公式URL：https://yaminncco.github.io/vue-sidebar-menu/#/
- Githubリポジトリ：https://github.com/yaminncco/vue-sidebar-menu

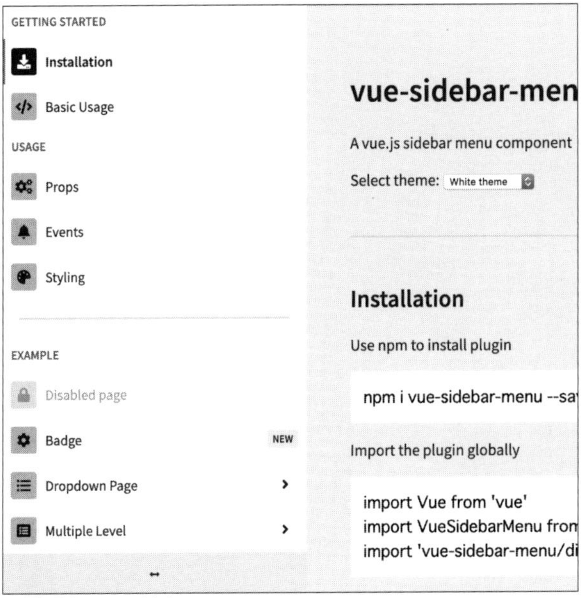

▲図10.3　vue-sidebar-menu

10.3.2　インストール

```
npm i vue-sidebar-menu --save
```

main.jsに次のコードを追加します。

```
import VueSidebarMenu from 'vue-sidebar-menu'
import 'vue-sidebar-menu/dist/vue-sidebar-menu.css'

app.use(VueSidebarMenu)
```

サンプルコード

このサンプルではFontAwesome（https://fontawesome.com/）を使用しています。メールアドレスを登録して無料で使えます。CDNのリンクをindex.htmlのheadタグの中に記述しておきましょう。

HelloWorld.vue

```
<script setup>
const menu = [
  {
    header: 'Main Navigation',
    hiddenOnCollapse: true
  },
  {
    href: '/',
    title: 'Dashboard',
    icon: 'fa fa-user'
  },
  {
    href: '/charts',
    title: 'Charts',
    icon: 'fa fa-chart-area',
    child: [
      {
        href: '/charts/sublink',
        title: 'Sub Link'
      }
    ]
  }
]
</script>

<template>
  <sidebar-menu :menu="menu" />
</template>
```

■ 実行結果

10.4 Vue FlatPickr Component

10.4.1　用途

`input`タグなどで日付や時間を入力する際にフラットデザインなカレンダーを表示することができるピッカーです。

- Githubリポジトリ：https://github.com/ankurk91/vue-flatpickr-component

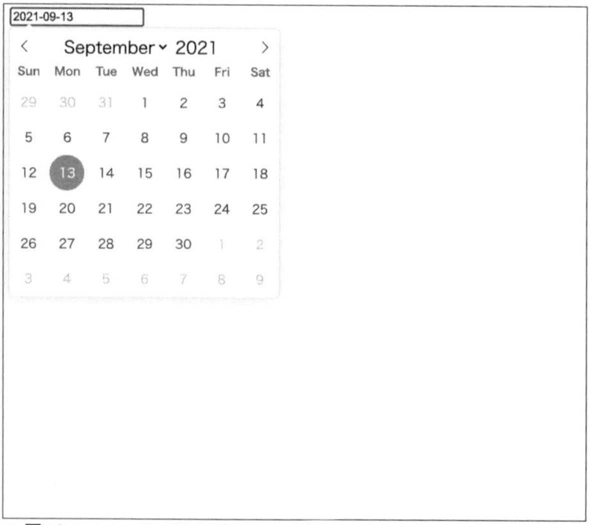

▲ 図10.4　Vue FlatPickr Component

10.4.2　インストール

```
npm install vue-flatpickr-component
yarn add vue-flatpickr-component
```

サンプルコード

HelloWorld.vue（App.vueでHelloWorldコンポーネントを読み込む）

```
<script setup>
import { ref } from 'vue'
import flatPickr from 'vue-flatpickr-component'
import 'flatpickr/dist/flatpickr.css'

const date = ref(null)
</script>

<template>
  <flat-pickr v-model="date" />
</template>
```

入力フォームをクリックするとカレンダーが現れ、日付を選択できます。

10.5 Vue-multiselect

10.5.1 用途

セレクトボックスで複数選択を可能にするプラグインです。複数選択以外にも単一選択やアクションをつけることもできます。

- 公式URL：https://vue-multiselect.js.org/
- Githubリポジトリ：https://github.com/shentao/vue-multiselect/tree/next

▲図10.5 Vue-multiselect

10.5.2 インストール

```
npm install vue-multiselect@next
```

CDNでも利用できます。

```
<script src="https://unpkg.com/vue-multiselect@2.1.0"></script>
<link rel="stylesheet" href="https://unpkg.com/vue-multiselect@2.1.0/dist/vue-multiselect.min.css">
```

サンプルコード

```
<script setup>
import { reactive } from 'vue';
import Multiselect from 'vue-multiselect'
import 'vue-multiselect/dist/vue-multiselect.css'
```

```
const state = reactive({
  multiValue: null,
  options: [
    'Vue.js', 'JavaScript', 'Rails', 'Ruby', 'Laravel', 'PHP'
  ],
})
</script>

<template>
  <Multiselect
    v-model="state.multiValue"
    :options="state.options"
    :multiple="true" />
</template>
```

選択タブをクリックしてみると複数の項目を選択できるようになっています。

10.6 Vue-Socket.io

10.6.1 用途

Vue-Socket.ioはVue.js用にsocket.io統合されたもので、クライアント側とサーバ側の双方向通信を実現してくれます。チャットアプリを作成したいときに便利です。ただし、現状ではVue3に対応していません。

- Githubリポジトリ：https://github.com/MetinSeylan/Vue-Socket.io

▲図10.6　Vue-Socket.io

10.6.2　インストール

```
npm install vue-socket.io --save
```


10.7 vue-fullcalendar

10.7.1　用途

フルサイズのカレンダーが実装できるプラグインです。

- 公式URL：https://fullcalendar.io/docs/vue
- Githubリポジトリ：https://github.com/fullcalendar/fullcalendar-vue

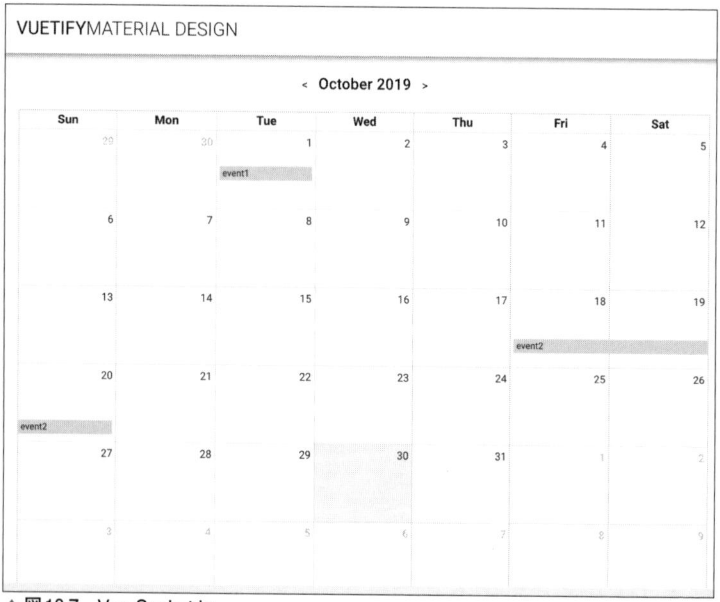

▲図10.7　Vue-Socket.io

10.7.2 インストール

```
npm install --save @fullcalendar/vue3 @fullcalendar/core
```

サンプルコード

次のサンプルコードでは、@fullcalendar/daygrid, @fullcalendar/interactionを使用しているため、npmでインストールします。

```
npm install --save @fullcalendar/daygrid @fullcalendar/interaction
```

App.vue

```
<script setup>
import '@fullcalendar/core/vdom'
import FullCalendar from '@fullcalendar/vue3'
import dayGridPlugin from '@fullcalendar/daygrid'
import interactionPlugin from '@fullcalendar/interaction'

const calendarOptions = {
```

```
  plugins: [ dayGridPlugin, interactionPlugin ],
  initialView: 'dayGridMonth'
}
</script>

<template>
  <FullCalendar :options="calendarOptions" />
</template>
```

■ 実行結果

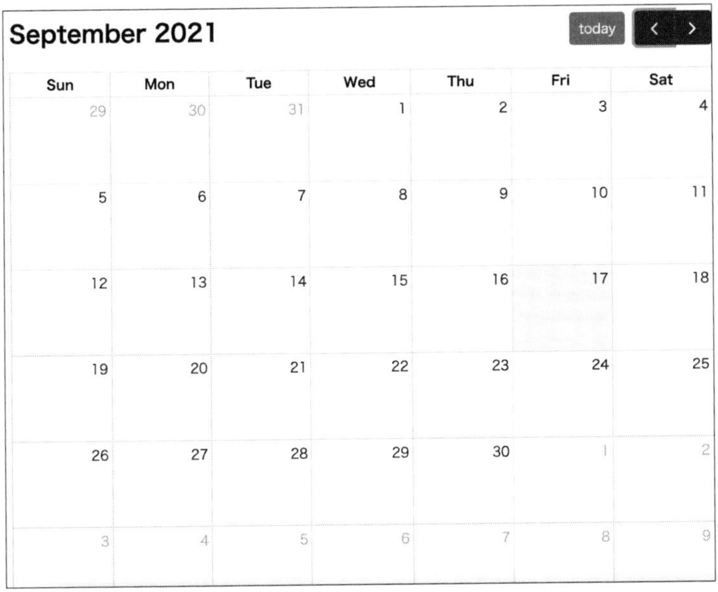

10.8 Vue.Draggable

10.8.1 用途

ドラッグアンドドロップとビューモデル配列との同期を実現するプラグインです。ドラッグアンドドロップ用のJavaScriptライブラリのSortable.jsの機能をもとにしています。

- Github リポジトリ：https://github.com/SortableJS/vue.draggable.next

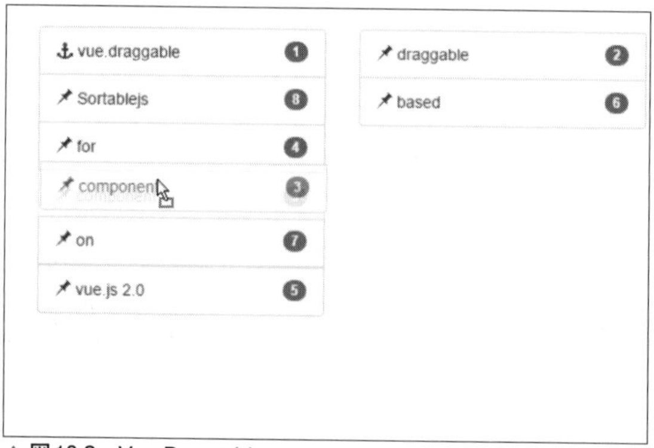

▲ 図10.8　Vue.Draggable

10.8.2　インストール

```
npm i -S vuedraggable@next
yarn add vuedraggable@next
```

サンプルコード

```
<script setup>
import draggable from 'vuedraggable'

const myArray = [
  { id: 1, lang: 'Vue.js' },
  { id: 2, lang: 'Nuxt.js' },
  { id: 3, lang: 'PHP' },
  { id: 4, lang: 'Java' },
]
</script>

<template>
  <draggable
    v-model="myArray"
    item-key="id">
    <template #item="{element}">
      <p class="item">{{element.lang}}</p>
```

```
    </template>
  </draggable>
</template>

<style scoped>
.item {
  display: inline-block;
  width: 100px;
  padding: 10px;
  border: 1px solid #a9a9a9;
  cursor: pointer;
}
</style>
```

10.9 vue-i18n

10.9.1 用途

Vue.jsの国際化プラグインです。ローカライズ機能をVue.jsに簡単に実装できます。

- 公式URL：http://kazupon.github.io/vue-i18n/
- Githubリポジトリ：https://github.com/kazupon/vue-i18n

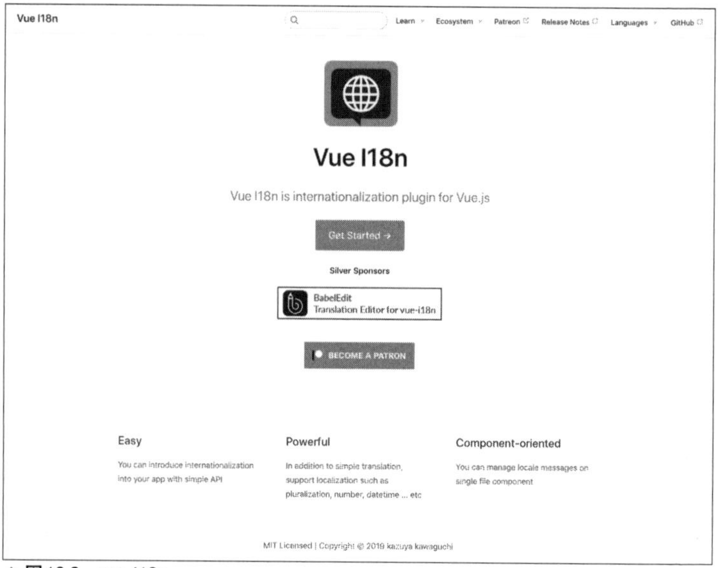

▲図10.9　vue-i18n

10.9.2　インストール

```
npm install vue-i18n@9
yarn add vue-i18n@9
```

CDN

```
<script src="https://unpkg.com/vue-i18n@9"></script>
```

サンプルコード

main.js

```
import { createApp } from 'vue'
import App from './App.vue'
import { createI18n } from 'vue-i18n'

const messages = {
  fr: {
    message: {
      hello: 'Bienvenue dans votre application Vue.js App!',
```

```
    }
  },
  en: {
    message: {
      hello: 'Hello, World!',
    }
  },
  ja: {
    message: {
      hello: 'ハローワールド！',
    }
  }
}

const i18n = createI18n({
  legacy: false,
  locale: 'fr',
  messages,
})

createApp(App)
    .use(i18n)
    .mount('#app')
```

HelloWord.vue

```
<script setup>
import { useI18n } from 'vue-i18n'

const { t } = useI18n()
</script>

<template>
  <h1>{{ t('message.hello') }}</h1>
</template>
```

■ 実行結果

localeの部分をjaにすると日本語で表示されます。

10

`locale`の部分をfrにするとフランス語で表示されます。

10.10 VeeValidate

10.10.1 用途

Vue.jsでフォームバリデーションを実装できるプラグインです。デフォルトで30近くのバリデーションが用意されており、40以上の言語にも対応しています。

- 公式URL：https://vee-validate.logaretm.com/v4/
- Githubリポジトリ：https://github.com/logaretm/vee-validate

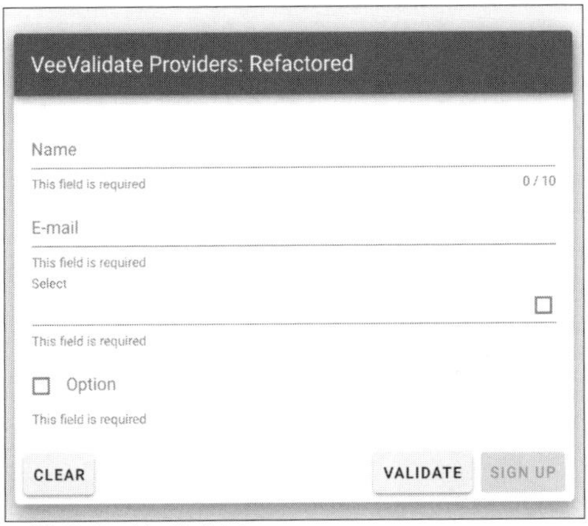

▲図10.10　VeeValidate

10.10.2 インストール


```
npm install vee-validate@next --save
yarn add vee-validate@next
```

サンプルコード

HelloWorld.vue

```
<script setup>
import { useField } from 'vee-validate';

const isRequired = (value) => {
  if (value && value.trim()) return true

  return '入力してください。'
}

const { errorMessage, value } = useField('fieldName', isRequired);
</script>

<template>
```

```
  <input v-model="value" type="text" /><br/>
  <span>{{ errorMessage }}</span>
</template>
```

■ **実行結果**

このサンプルは、何も入力されないと「入力してください」という文字が出るというバリデーションです。

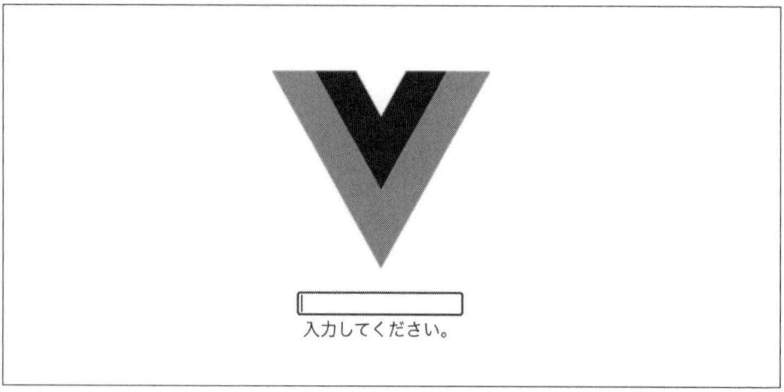

10.11 VitePress

10.11.1 用途

Vue 3 + Viteで技術記事が簡単に構築できます。これはSSG（静的サイトジェネレーター）と呼ばれるもので、サーバなどを使わずに静的にビルドすることができるので、CMSと比べ速く、セキュリティのリスクが少ないというメリットがあります。

- 公式URL：https://vitepress.vuejs.org/
- Github リポジトリ：https://github.com/vuejs/vitepress

10.11.2 インストール

```
# Vite pressを作りたいフォルダを作成
```

```
mkdir vitepress-starter && cd vitepress-starter

# フォルダを初期化
npm init

# npmでインストール
npm install -D vitepress vue

# docsフォルダを作成
mkdir docs && echo '# Hello VitePress' > docs/index.md
```

package.jsonに次のコードを追加します。

```
{
  "scripts": {
    "docs:dev": "vitepress dev docs",
    "docs:build": "vitepress build docs",
    "docs:serve": "vitepress serve docs"
  },
}
```

次のコマンドで立ち上げます。

```
npm run docs:dev
```

以上でインストールから立ち上げるところまでが完了しました。あとはREADME.mdファイルにマークダウン形式で書いていけば静的なサイトを作成することができます。

Index 索引

W

X

あ行

か行

さ行

た行

な行

は行

ま行

や行

ら行

■著者プロフィール

東泉 哲寛（ひがしいずみ てつひろ）

1988年生まれ。元は大手のコールセンターで働いていたが、29歳でエンジニアを志し30歳でqnoteに入社。趣味は食べ呑み歩き、バドミントン。推しの猫社員は「りぼん」。

久光 未悠（ひさみつ みゆ）

東京都立大法学部卒業後、株式会社qnoteに新卒入社。業務でVueを使っていたところ、Vue3アップデートの際に本書の執筆に参画することに。趣味はGoogleマップで行きたいリストを作成しては実際に巡ること。

長島 優斗（ながしま ゆうと）

1995年生まれ。25歳のときにフロントエンドからバックエンドエンジニアへの転身をqnoteにて経験。趣味は音楽鑑賞と猫吸い。特技はいつまでも寝られること。

鶴田 展之（つるた のぶゆき）

1968年生まれ。qnote代表取締役社長。猫好き・音楽好きの創業社長。『jQueryポケットリファレンス』『コーディングフォービギナーズPYTHON』（翻訳）、『MySQL辞典』（共著）などがある。

株式会社qnote

https://www.qnote.co.jp/
猫といっしょに仕事ができるオフィスとして有名。Webアプリケーションとネイティブアプリケーション開発（iOS、Android）や、WindowsやmacOSなどデスクトップアプリ開発にも定評がある。Web開発だけでなく、サーバー管理などのインフラ構築も得意とする。

■Staff
本文設計◎トップスタジオデザイン室（阿保 裕美）
組版◎株式会社トップスタジオ（相馬 喜代子）
装丁◎トップスタジオデザイン室（阿保 裕美）
編集◎株式会社トップスタジオ（藤田 拓志）
担当◎池本公平
Webページ◎https://gihyo.jp/book/2023/978-4-297-13479-2

※本書記載の情報の修正・訂正については当該Webページで行います。

■お問い合わせについて

◎本書に関するご質問については、本書に記載されている内容に関するものだけを受付します。本書の内容と関係のないご質問につきましては一切お答えできませんので、あらかじめご承知おきください。また、電話でのご質問は受け付けておりませんので、ファックスか封書などの書面、もしくは電子メールにて下記までお送りください。なお、ご質問の際には、書名と該当ページ、返信先を明記してくださいますよう、お願いいたします。特に電子メールのアドレスが間違っていますと回答をお送りすることができなくなりますので、十分にお気をつけください。

◎本書に掲載されているプログラムやフォーム、テンプレートなどについて、変更などといった各種カスタマイズは必ずお客様ご自身で行ってください。弊社および著者は、カスタマイズに関する作業の代行は一切請け負っておりません。また、カスタマイズの方法に関するご質問にも基本的にはお答えできませんので、あらかじめご了承ください。

◎お送りいただいたご質問には、できる限り迅速にお答えできるよう努力いたしておりますが、場合によってはお答えするまでに時間がかかることがあります。また、回答の期日をご指定なさっても、ご希望にお応えできるとは限りません。あらかじめご了承くださいますよう、お願いいたします。

■問合せ先
〒162-0846　東京都新宿区市谷左内町21-13
株式会社技術評論社　雑誌編集部
「Vue.jsポケットリファレンス」係
FAX　03-3513-6179

Vue.js《ヴュージェーエス》ポケットリファレンス

2023年 5月 2日　初版　第1刷発行

著　者　長島《ながしま》 優斗《ゆうと》、久光《ひさみつ》 未悠《みゆ》、東泉《ひがしいずみ》 哲寛《てつひろ》、
鶴田《つるた》 展之《のぶゆき》、株式会社《かぶしきがいしゃ》qnote《きゅーのーと》
発行者　片岡　巌
発行所　株式会社技術評論社
東京都新宿区市谷左内町21-13
電話　03-3513-6150　販売促進部
電話　03-3513-6170　雑誌編集部
印刷／製本　昭和情報プロセス株式会社

定価はカバーに表示してあります。

ISBN978-4-297-13479-2　C3055
Printed in Japan